Fouad Soliman
Karima Mahmoud

Compósitos de polímeros: O futuro dos isoladores de alta tensão

Fouad Soliman
Karima Mahmoud

Compósitos de polímeros: O futuro dos isoladores de alta tensão

ScienciaScripts

Imprint

Any brand names and product names mentioned in this book are subject to trademark, brand or patent protection and are trademarks or registered trademarks of their respective holders. The use of brand names, product names, common names, trade names, product descriptions etc. even without a particular marking in this work is in no way to be construed to mean that such names may be regarded as unrestricted in respect of trademark and brand protection legislation and could thus be used by anyone.

Cover image: www.ingimage.com

This book is a translation from the original published under ISBN 978-3-659-97909-5.

Publisher:
Sciencia Scripts
is a trademark of
Dodo Books Indian Ocean Ltd. and OmniScriptum S.R.L publishing group

120 High Road, East Finchley, London, N2 9ED, United Kingdom
Str. Armeneasca 28/1, office 1, Chisinau MD-2012, Republic of Moldova, Europe
Managing Directors: Ieva Konstantinova, Victoria Ursu
info@omniscriptum.com

Printed at: see last page
ISBN: 978-620-3-35451-5

Compósitos de polímeros: O futuro dos isoladores de alta tensão

Por

Fouad A. S. Soliman

Karima A. Mahmoud

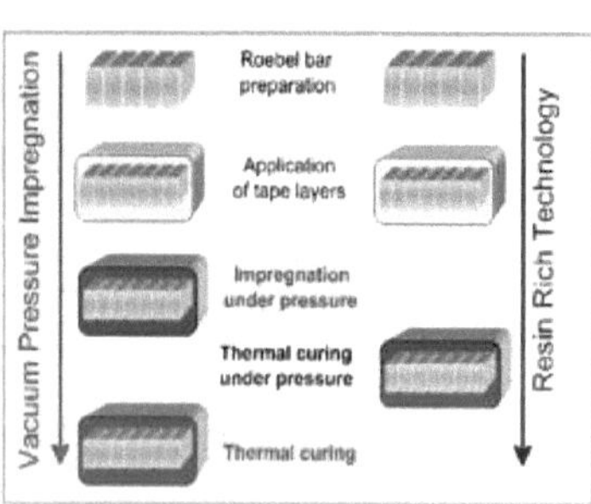

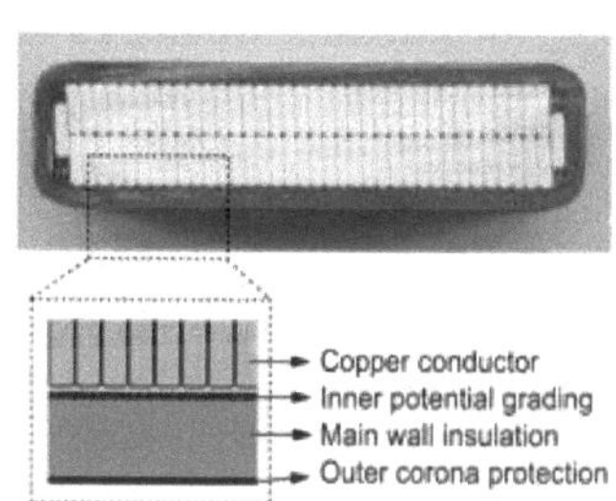

novembro de 2024

Sobre os autores

Dr. Eng. Fouad A. S.

**Prof. de Engenharia Eletrónica e de Computadores,
Nuclear Materials Authority, Cairo, Egito.**

Membro do Conselho Editorial de:

- **Progress in Photovoltaic, "Research and Applications", John Wiley and Sons, Reino Unido, desde 1993,**
- **Periódicos da Associação para o Avanço das Técnicas de Modelação e Simulação, AMSE, Lune, França,**
- **Revista Internacional de Ciência da Computação e Aplicações de Engenharia (IJCSEA).**

Membro de:

- **Associação Americana para o Avanço das Ciências, N.Y., U.S.A,**
- **Academia de Ciências de Nova Iorque, Nova Iorque, E.U.A.**

Escolhido para:

- **Who's Who in the World, A.N. Marquis, N.J., U. S. A.**
- **Outstanding People of the $20th Century$, International Biographical Center de Cambridge, Inglaterra.**

Ensino nas universidades

- **Ensino dos estudantes de pós-graduação nas universidades egípcias.**

Publicações e supervisão de M.Sc. e Ph.D.
Artigos e teses supervisionadas
- **Cerca de 200**

Livros:

[1]. Fouad A. S. Soliman, **"A Novel Look on the world of Nanotechnology para hoje e para o futuro",** Livro publicado, Lambert Academic Publishing, Omni- Scriptum GmbH and Co. KG, fevereiro de 2016, ISBN: 978-3-659-83496-7.

[2]. F. A. S. Soliman, **"Energy and the Future of Civilizations",** publicado em

Livro, Lambert Academic Publishing, Omni-Scriptum GmbH and Co.

KG, abril de 2016.
ISBN: 978-3-659-88129-9.

[3]. F. A. S. Soliman, "Characterization, Simulation, Applications, Deployment and Economics of Solar Energy", Lambert Academic

Publishing, LAP, Saarbrücken, Alemanha, maio de 2016.
ISBN: 978-3-659-89387-2.

[4]. Fouad A. S. Soliman e Hoda A. Ashry, "Role of the Nuclear A tecnologia na vida quotidiana do homem", Livro publicado, Lambert

Publicação académica, Omni-Scriptum, GmbH and Co. KG, maio de 2016.
ISBN: 978-3-659-90461-5.

[5]. Fouad A. S. Soliman, Safaa M. R. El-ghanam e Ashraf M. Abdel-Maksoud, "Impact of Outer Space Environment on Electronic Devices and Systems", Livro publicado, Lambert Academic Publishing,

Omni-Scriptum GmbH e Co. KG, julho de 2016.
ISBN: 978-3-659-93044-7

[6]. H. A. Ashry, Fouad A. S. Soliman e S. A. Kamh, "Nuclear Techno-
logia: Future Generation, Protection and Monitoring", publicado em
Livro, Lambert Academic Publishing, Omni-Scriptum GmbH e
Co. KG, agosto de 2016.
ISBN: 978-3-659-93921-1

[7]. Fouad. A.S. Soliman, "Agriculture in Remote Areas Based on Solar
Energia", Livro Publicado, Lambert Academic Publishing, Omni-Scriptum GmbH & Co. KG, setembro de 2016.
ISBN: 978-3-659-95267-8

[8]. Fouad A. S. Soliman, "Solar-Wind Hybrid Renewable Energy for
Agricultura Sustentável", Livro Publicado, Lambert Academic Publishing, Omni- Scriptum GmbH and Co. KG, outubro de 2016, Número: 145917
ISBN: 978-3-659-96384-1

[9]. Fouad A. S. Soliman, "High Voltage Transmission Lines: Importance,

Maintenance and Risks", Livro Publicado, Lambert Academic Publi-
shing, Omni- Scriptum GmbH e Co. KG, novembro de 2016,
Número:147937,
ISBN: 978-3-330-00309-5.

[10]. **Hoda A. Ashry e** Fouad A. S. Soliman, **Nuclear Analytical Techni-**
ques e Ciências Modernas, Livro Publicado, Lambert Academic
Publishing, Omni- Scriptum, GmbH and Co. KG, dezembro, 2016, No:
149558,
ISBN: 978-3-330-01772-6.

[11]. Fouad A. S. Soliman, **Energia: História, Definições, Formas, Transformações.**
formação e aplicações, Livro Publicado, Lambert Academic
Publishing, Omni- Scriptum, GmbH and Co. KG, janeiro de 2017.
ISBN: 978-3-330-02939-2.

[12]. Fouad A. S. Soliman, **All About Nuclear Materials, Livro Publicado,**
Lambert Academic Publishing, Omni- Scriptum GmbH e Co. KG,
2017. ID do projeto (150859)
ISBN:978-3-330-03643-7.

[13]. Fouad A. S. Soliman **e Hoda A. Ashry, Focus on the Treasures of**
A Terra, Livro Publicado, Lambert Academic Publishing, Omni-
Scriptum GmbH and Co. KG, fevereiro de 2017.
ISBN: 978-3-659-85407-1.

[14]. Fouad A. S. Soliman, **Geothermal Energy Technology,** Publicado em
Livro, Lambert Academic Publishing, Omni-Scriptum GmbH and Co,
KG., maio de 2017.
ISBN: 978-3-330-31808-3.

[15]. Fouad A. S. Soliman, **Marine Power Technology and Future of**
Energia, Livro publicado, Lambert Academic Publishing, Omni-Scriptum
GmbH e Co. KG, junho de 2017.
ISBN: 978-3-330-32467-1.

[16]. Fouad A. S. Soliman **e Hoda A. Ashry, Atomic Batteries: the Easy**
Energia para o futuro", Livro publicado, Lambert Academic
Publishing, Omni-Scriptum. GmbH and Co. KG, julho de 2017.
ISBN:978-3-330-35308-4.

[17].   Fouad A. S. Soliman e Hoda A. Ashry, Evolution of Synchrotron
    A radiação e a sua importância", Livro publicado, Lambert Academic
    Publishing, Omni-Scriptum GmbH and Co. KG, agosto de 2017.
    ISBN: 978-620-2-01385-7

[18]. Fouad A. S. Soliman, "Mechatronics: Multidisciplinary
    Engenharia", Livro Publicado, Lambert Academic Publishing, Omni-
    Scriptum, GmbH e Co. KG, agosto de 2017.
    ISBN: 978-620-0-43740-2.

[19].   Fouad A. S. Solimna e Hoda A. Ashry, "Gold and Silver Recovery
    from Electronic Waste", Recuperação de ouro e prata de resíduos electrónicos
    Resíduos", Livro publicado Lambert Academic Publishing, Omni-Scriptum
    GmbH and Co. KG, Set. 2017.
    ISBN: 978-620-2-04988-7.

[20].   Fouad A. S. Soliman, Amira A El-laboudi, e Manal Mahdi,
    "Colheita de energia e necessidades humanas futuras", Livro publicado,
    Lambert Academic Publishing, Omni-Scriptum GmbH e Co. KG, novembro de 2017.
    ISBN: 978-620-2-07981-5.

[21].   Hoda A. Ashry e Fouad A. S. Soliman, "World of Neurons",
    Livro publicado, Lambert Academic Publishing, Omni- Scriptum GmbH
    and Co. KG, janeiro de 2018.
    ISBN: 978-613-4-97714-2.

[22].   Fouad A. S. Soliman, "Role of Engineering in Therapy", publicado em
    Livro Lambert Academic Publishing, Omni- Scriptum GmbH and Co.
    KG, abril de 2018.
    ISBN: 978-613-9-58735-3.

[23].   Fouad A. S. Soliman, "New Trends in Exploring Earth Treasures" [Novas Tendências na Exploração dos Tesouros da Terra],
    Livro publicado, Lambert Academic Publishing, Omni- Scriptum GmbH
    Co. KG, Nov. 2019.
    ISBN: 978-620-0-46469-9.

[24].   Fouad A. S. Soliman, "Energy: Resources, Derivative, Sustainability
      and Development", Livro publicado Lambert Academic Publishing,
      Omni-Scriptum GmbH e Co. KG, dezembro de 2019.
[25]. Fouad A. S. Soliman e Hamed I. E. Mira, "Nuclear Power:
      História, materiais, economia e futuro", Livro publicado Lambert
      Publicação académica, Omni-Scriptum GmbH & Co. KG, janeiro de 2020.
      ISBN: 978-620-0-46407-1.
[26].   Fouad A. S. Soliman, "Renewable Energy and the Future of Human
      Vida", Livro publicado. Lambert Academic Publishing. Omni-Scriptum
      GmbH e Co.KG, fevereiro de 2020.
      ISBN: 978-620-0-53632-7.
[27].   Fouad A. S. Soliman, Safaa M. R. El-ghanam, e Ashraf M. Abdel-
      maksoud, "Impacto ambiental da indústria energética",
      Livro publicado Lambert Academic Publishing, Omni-Scriptum GmbH
      and Co. KG, fevereiro de 2020.
      ISBN: 978-620-0-57165-6.
[28].   Fouad A. S. Soliman e Amira Abdel-Magid, "Projections, Develo-
      pamentos e explorações de recursos energéticos renováveis"
      Livro publicado, Lambert Academic Publishing, Omni-Scriptum GmbH
      and Co. KG, março de 2020.
      ISBN: 978-620-065158-7.
[29].   Fouad A. A. Soliman, e Wafaa Abd El-Basit, "Smart Photovoltaic
      As tecnologias e o futuro da energia", livro publicado, Lambert
      Publicação académica, Omni-Scriptum GmbH e Co. KG, março de 2020.
      ISBN: 978-620-251267-1.
[30].   Fouad A. S. Soliman, e Sanaa A. Kamh", Open Source Hardware
      Tecnologia, Livro Publicado, Lambert Academic Publishing, Omni-
      Scriptum GmbH and Co. KG, abril de 2020.
      ISBN: 978-620-2-51639-6.

[31]. Fouad A. S. Soliman, "Renewable Energy Technologies for Salt Water
   Dessalinização", Livro Publicado, Lambert Academic Publishing, Omni-
   Scriptum GmbH and Co. KG, maio de 2020.
   ISBN: 978-620-2-52159-8.
[32]. Fouad A. S. Soliman, " New Trends in Renewable Energy for
   Humanity Benefits", Livro publicado, Lambert Academic Publishing,
   Omni-Scriptum GmbH e Co. KG, maio de 2020.
   ISBN: 978-620-2-51887-1.
[33]. Fouad A. S. Soliman, e Ashraf M. Abdel-maksoud, "Energy
   Armazenamento, Transmissão e Monitorização", Livro Publicado, Lambert
   Publicação académica, Omni-Scriptum GmbH e Co. KG, maio de 2020.
   ISBN: 978-6213-94971-2
[34]. Fouad S. S. Soliman, "Climate Effects on PV-Systems and their
   Manutenção e Reciclagem", Livro Publicado, Lambert Academic
   Publicação, Omni-Scriptum GmbH e Co. KG, junho de 2020.
   ISBN: 978-620-2-56451-9.
[35]. Fouad A. S. Soliman e Hamed I. E. Mira, "Drones: The Future of
   Veículos Aéreos Não Tripulados", Livro publicado Lambert Academic Publi-
   shing, Omni-Scriptum GmbH e Co. KG, junho de 2020.
   ISBN: 978-620-2-66811-8.
[36]. Fouad A. S. Soliman, "Airborne Geophysical & Remote Sensing
   Based on DroneAircrafts", Livro publicado, Lambert Academic
   Publicação, Omni-Scriptum GmbH e Co. KG, julho de 2020.
   ISBN: 978-620-2-67331-0.
[37]. Fouad A. S. Soliman e Hamed I. E. Mira, "UXO Environmental
   Impacto, deteção e desminagem", Livro publicado Lambert Academic
   Publicação, Omni-Scriptum GmbH e Co. KG, julho de 2020.
   ISBN: 978-620-2-67862-9.
[38]. Fouad A. S. Soliman, e Safaa M. El-ghanam "The World of
   Tecnologias de energias renováveis", Livro publicado, Lambert Academic
   Publicação, Omni-Scriptum GmbH e Co. KG, agosto de 2020.
   ISBN: 978-620-2-68432-3.

[39]. Fouad A. S. Soliman, e **Ashraf M. Abedel-maksoud",
Tecnologias**
of **Stand-Alone and Distributed Energy Systems",** Livro publicado,
Lambert Academic Publishing, Omni-Scriptum GmbH e Co. KG, setembro de 2020.
ISBN: 978-620-0-50455-6.

[40]. Fouad A. S. Soliman, **"A Novel and Efficient Aerial Techniques for**
Deteção de UXO", Livro publicado, Lambert Academic Publishing, Omni-
Scriptum GmbH and Co. KG, setembro de 2020.
ISBN: 978-620-2-79934-8

[41]. Fouad A. S. Soliman, e **Ashraf M. Abedel-maksoud,
"Technology**
and Future of Nano-fluids", Livro publicado, Lambert Academic Publicação, Omni-Scriptum GmbH e Co. KG, setembro de 2020.
ISBN: 978-620-2-80132-4.

[42]. Fouad A. S. Soliman, e **Safaa M. El-ghanam,** "New Trends in the
Produção, conversão, transmissão e armazenamento de energia",
Livro publicado, Lambert Academic Publishing, Omni-Scriptum
GmbH e Co. KG, outubro de 2020.
ISBN: 978-620-2-80878-1.

[43]. Fouad A. S. Soliman, **"Remote Monitoring, Net Metering, Fault**
Deteção e Manutenção Preditiva de Sistemas Eléctricos de Potência.
Livro publicado, Lambert Academic Publishing, Omni-Scriptum GmbH
and Co. KG, outubro de 2020.
ISBN: 978-3-330-06474-4.

[44]. Fouad A. S. Soliman, **A. A. Abu Talib e Doaa H. Hanafy,** "PV
Shockley-Queasier, Maximum Power, Green Houses e Rooftop
Estações", Livro Publicado, Lambert Academic Publishing, Omni-
Scriptum GmbH e Co. KG, outubro de 2020.
ISBN: 978-620-2.92085-8.

[45]. Fouad A. S. Soliman, **Wafaa A. Zekri, Soha Abel-Azim,
Environ-**
Impacto mental da produção, transporte e distribuição de eletricidade

Indústria", Livro Publicado, Lambert Academic Publishing, Omni-
Scriptum GmbH and Co. KG, novembro de 2020.
ISBN: 978-620-3-02581-1.

[46]. Fouad A. S. Soliman, e **Safaa R. El-ghanam, "Future Energy DevelopMent"**, Livro Publicado, Lambert Academic Publishing, Omni-
Scriptum GmbH e Co. KG, novembro de 2020.
ISBN: 978-620-3-041132.

[47]. Fouad A. S. Soliman **e Hamed I. E. Mira, "For More Efficient Aplicações da energia solar"**, Livro publicado Lambert Academic Publicação, Omni-Scriptum GmbH e Co. KG, dezembro de 2020.
ISBN: 978-620-801002.

[48]. Fouad A. S. Soliman e **Sanaa A. Kamh, "New Trends in Micro- and
Hybrid-Energy Grids"**, Livro publicado, Lambert Academic **Publishing**,
Omni-Scriptum. GmbH and Co. KG, dezembro de 2020.
ISBN: 978-620-2-92022-3.

[49]. Fouad A. S. Soliman, **"Trends in Renewable Energy Resources Grid
ding"**, Livro publicado Lambert Academic Publishing, Omni-Scriptum
GmbH e Co. KG, janeiro de 2021.
ISBN: 978-620-3-30339-1.

[50]. Fouad A. S. Soliman, e **Wafaa Abdel Basit Zekri, "Gridding of Sistemas inteligentes de energia solar"**, Livro publicado, Lambert Academic
Publishing, Omni-Scriptum, GmbH and Co., K.G. março de 2021.
ISBN: 978-620-3-46312-5.

[51]. Fouad A. S. Soliman e **Safaa R. El-ghanam, "New Trends in hoto-
Voltaic System"**, Livro publicado, Lambert Academic Publishing, Omni-Scriptum GmbH and Co., K.G., dezembro de 2020.
ISBN: 978-620-3-47075-8.

[52]. Fouad A. S. Soliman, **"Automatic Monitoring of PV-Systems'**, Livro publicado Lambert Academic Publishing, Omni-Scriptum GmbH
e Co. KG, setembro de 2021.
ISBN: 978-620-3-58196-6.

[53]. Fouad A. S. Soliman, e **Ashraf M. Abedel-maksoud, "Marine Power: O Futuro das Energias Renováveis,** Livro Publicado, Lambert

Publicação académica, Omni-Scriptum GmbH and Co. KG, novembro,
2021.
ISBN: 978-620-4-71792-0163.
[54].	Fouad A. S. Soliman, "Carbon Capture and Sequestration", publicado em
Livro Lambert Academic Publishing, Omni-Scriptum GmbH e Co. KG,
novembro de 2021.
ISBN: 978-620-4-72561-1163.
[55].	Fouad A. S. Soliman, e Hoda A. Ashry, "Role of Electronics and

Informática em medicina energética", Livro publicado Lambert
Publicação académica, Omni-Scriptum GmbH and Co. KG, Nov. 2021.
ISBN: 978-620-4-727387.
[56].	Fouad A. S. Soliman, e Nehal Abou-el fotoh Ali, "Future Challenges
de Eletrónica baseada em Piezoeléctricos "Livro publicado Lambert Academic
Publicação Omni-Scriptum GmbH and Co. KG, dezembro de 2021.
ISBN: 978-620-4-70844.
[57].	Fouad A. S. Soliman, Ayman H. Shanash e Nehal Abou-el fotoh
Ali, "Sustainale Energy for Human Safety and Luxury", publicado
Livro Lambert Academic Publishing, Omni-Scriptum GmbH and Co.
KG, janeiro de 2022.
ISBN: 978-620-4-73029-1163.
[58].	Fouad A. S. Soliman, e Nehal Abou-el fotoh Ali, "World of Osmo-
Tic Phenomenon", Livro publicado Lambert Academic Publishing,
Omni-Scriptum GmbH & Co. KG, janeiro de 2021.
ISBN: 978-620-4-73327-2164.
[59].	Fouad A. S. Soliman, Ayman H. Shanash & Nehal Abou-el fotoh Ali,
"Uma visão profunda do futuro da energia", livro publicado Lambert
Publicação académica, Omni-Scriptum GmbH and Co. KG, Jan. 2022.
ISBN: 978-620-4-73472-9164.

[60]. Fouad A. S. Soliman, **Ayman H. Shanash e Nehal Abou-el fotoh Ali,**

"Transição dos combustíveis fósseis para as energias renováveis", publicado
Livro Lambert Academic. Publishing, Omni-Scriptum GmbH and Co.
KG, fevereiro de 2022.
ISBN: 978-620-4-74114-7164.

[61]. Fouad A. S. Soliman, **Ayman H. Shanash e Nehal Abou-el fotoh Ali, "Ocean Thermal Energy Conversion",** livro publicado Lambert
Publicação académica, Omni-Scriptum GmbH and Co. KG, Fev. 2022.
ISBN: 978-620-4-74278-61.

[62]. Fouad A. S. Soliman, **Ayman H. Shanash e Nehal Abou-el fotoh Ali, "The Rapid Movement towards Clean Green World" (O movimento rápido para um mundo verde e limpo),** publicado
Livro Lambert Academic. Publishing, Omni-Scriptum GmbH and Co.
KG, fevereiro de 2022.
ISBN: 9786-204-745 183.

[63]. Fouad A. S. Soliman, **Ayman H. Shanash e Nehal Abou-el fotoh Ali, "Engenharia de sistemas de energia renovável",** Livro publicado
Lambert Academic Publishing, Omni-Scriptum GmbH e Co. KG, fevereiro de 2022.
ISBN: 978-620-4-74716-3.

[64]. Fouad A. S. Soliman, **Ayman H. Shanash e Nehal Abou-el fotoh Ali, "De A a Z sobre as energias renováveis",** livro publicado Lambert Academic Publishing, Omni-Scriptum GmbH e Co. KG, março de 2022.
ISBN: 9786-202-053099.

[65]. Fouad A. S. Soliman, Hamed I. E. Mira e Nehal Abou-el fotoh Ali, **"Passos no caminho do futuro e da conservação da energia",** publicado
Livro Lambert Academic Publishing, Omni-Scriptum GmbH and Co.
KG, março de 2022.
ISBN: 9786-139-448388.

[66]. Fouad A. S. Soliman, Nehal Abou-el fotoh Ali & Karima A. Mahmoud,
"Engenharia e conforto na vida inteligente", Livro publicado
Lambert

Publicação académica, Omni-Scriptum GmbH and Co. KG, março de 2022.

ISBN: 978-620-0-24999-91.

[67]. Fouad A. S. Soliman, Hoda A. Ashry e Nehal Abou-el fotoh Ali, **"World of Fuel Cells",** Livro publicado Lambert Academic Publishing,

Omni-Scriptum GmbH e Co. KG, abril de 2022.

ISBN: 978-620-4-74855-91.

[68]. Fouad A. S. Soliman, Nehal Abou-el fotoh Ali e Wafaa A. Zekri, **"Engenharia de Sistemas Fotovoltaicos",** Livro publicado Lambert

Publicação académica, Omni-Scriptum GmbH and Co. KG, abril de 2022.

ISBN: 978-620-4-74893-11.

[69]. Fouad A. S. Soliman, Amira A. Abo-talib e Doaa H. Hanafy, **"Papel da Engenharia Eletrónica nas Ciências Automóvel e Mecânica**

ence",** Livro publicado Lambert Academic Publishing, Omni-Scriptum, GmbH e Co. KG, maio de 2022.

ISBN: 978-620-4-75130-61.

[70]. Fouad A. S. Soliman, Nihal Abou-alfotoh Ali," **Nano-fiber: O Futuro**

of Materials",** publicado no livro Lambert Academic Publishing, Omni-Scriptum, GmbH e Co. KG, maio de 2022.

ISBN: 978-620-4-95505-616.

[71]. Fouad A. S. Soliman, Sanaa A. Kamh e Doaa H. Hanafy", **The Brilliant**

O futuro do lítio no armazenamento de energia", Livro publicado Lambert

Publicação académica, Omni-Scriptum, GmbH and Co. KG, maio de 2022.

ISBN: 978-620-4-98014-0165519.

[72]. Fouad A. S. Soliman, e Hamed I. E. Mira, **"Stereo Microscope: the**

Nano-Imaging Tool of Future", Livro publicado Lambert Academic

Publicação, Omni-Scriptum, GmbH e Co. KG, maio de 2022.

ISBN: 978-620-5489-406.

[73]. Fouad A. S. Soliman, Amira A. Abo-talib El-laboudi e Karima A. Mahmoud, **"Futuro das tecnologias híbridas de energia",** Livro publicado

Lambert Academic Publishing, Omni-Scriptum, GmbH e Co. KG, maio de 2022.

ISBN: 978-620-5489-406.

[74].   **Fouad A. S. Soliman**, Wafaa Abdel-basit Zekri e Karima A. Mahmoud,
"O futuro brilhante da imagem digital", livro publicado Lambert
Publicação académica, Omni-Scriptum, GmbH and Co. KG, agosto de 2022.
ISBN: 978-6205-4956-12.

[75].   **Fouad A. S. Soliman, "Future of Interdisciplinary Sciences"**, publicado em
Livro Lambert Academic Publishing, Omni-Scriptum, GmbH and Co. KG,
outubro de 2022.
ISBN: 978-620-5-50245-71.

[76].   Fouad A. S. Soliman **e Karima A. Mahmoud, "Fewer Losses on Geração de energia renovável e aplicações",** Livro publicado
Lambert Academic Publishing, Omni-Scriptum, GmbH e Co. KG,
outubro de 2022.
ISBN: 978-620-4-980669.

[77].   Fouad A. S. Soliman, **Amira Abou-talib El-laboudi e Doaa H. Hassan, "Food Energy",** Livro publicado, Lambert Academic
Publicação, Omni-Scriptum, GmbH e Co. KG, outubro de 2022.
ISBN: 978-620-5-50995-116.

[78].   Fouad A. S. Soliman, **Wafaa Abdel-basit Zekri & Karima A. Mahmoud," O mundo brilhante do grafeno",** livro publicado
Lambert Academic Publishing, Omi-Scriptum, GmbH e Co. KG,
outubro de 2022.
ISBN: 978-620-5-51599-016.

[79].   Fouad A. S. Soliman, **Amira A. Abo-talib & Doaa H. Hanafy," Wind as
a Mainstream Renewable Power",** Livro publicado Lambert
Publicação académica, Omni-Scriptum, GmbH and Co. KG,
outubro de 2022.
ISBN: 978-620-5-52588-316.4

[80].   Fouad A. S. Soliman, **e Karima A. Mahmoud,** "Unmanned Aerial
Aplicações e desenvolvimento de veículos para pesos de poucos gramas",
Livro publicado Lambert Academic Publishing, Omni-Scriptum, GmbH
and Co. KG, outubro de 2022.
ISBN: 978-620-4-980669.

[81].   Fouad A. S. Soliman, **e Karima A. Mahmoud,** "The Benefits of

O plástico e os seus perigos iminentes para a humanidade". Livro publicado
Lambert Academic Publishing, Omni-Scriptum, GmbH and Co. KG, Out.
2022.
ISBN: 978-620-5622472.

[82]. Fouad A. S. Soliman, e Karima A. Mahmoud, "Advanced Tecnologias para prospeção e mineração de ouro", Livro publicado
Lambert Academic Publishing, Omni-Scriptum, GmbH e Co. KG, fevereiro de 2023.
ISBN: 978-620-6142263.

[83]. Fouad A. S. Soliman, e Karima A. Mahmoud, "Neuro-linguistic Programing", Livro publicado Lambert Academic Publishing, Omni-
Scriptum, GmbH e Co. KG, março de 2023.
ISBN: 978-620-14432.

[84]. Fouad A. S. Soliman, e Karima A. Mahmoud, "Future Techniques In Mind Mapping", publicado no livro Lambert Academic Publishing,
Omni-Scriptum, GmbH, and Co. KG, março de 2023.
ISBN: 978-6206-147640.

[85]. Fouad A. S. Soliman, e Hamid I. E. Mira, "Copper for Bright O futuro das energias renováveis", Livro publicado Lambert Academic
Publicação, Omni-Scriptum, GmbH e Co. KG, março de 2023.
ISBN: 978-6206-142263.

[86]. Fouad A. S. Soliman, Amira A. Abo-talib e Doaa H. Hanafy, Renewable Energy the Power of World by 2050", Livro publicado
Lambert Academic Publishing, Omni-Scriptum, GmbH e Co. KG, março de 2023. abril de 2023.
ISBN: 978-6206-153573.

[87]. Fouad A. S. Soliman e Karima A. Mahmoud, Global Energy Interligação e prática" Livro publicado Lambert Academic
Publicação Omni-Scriptum, GmbH e Co. KG. abril de 2023.
ISBN: 978-6206-153573.

[88]. Fouad A. S. Soliman, Hamid I. E. Mira e Karima A. Mahmoud, "Uma visão do mundo da tecnologia da energia eólica".Publicado
Livro Lambert Academic Publishing, Omni-Scriptum, GmbH and Co.

KG. setembro de 2023.
ISBN: 978-6206-781967.

[89]. Fouad A. S. Soliman, **Wafaa A. Zekri e Karima A. Mahmoud,
"O papel do hidrogénio na vida humana"** - Livro publicado Lambert
Publicação académica, Omni-Scriptum, GmbH e Co. KG. setembro de 2023.
ISBN: 978-6206-78625-2.

[90]. Fouad A. S. Soliman, **e Karima A. Mahmoud, "Future of Energia renovável e técnicas de armazenamento".** Livro publicado
Lambert Academic Publishing, Omni-Scriptum, GmbH e Co. KG. setembro de 2023.
ISBN: 978-6206-790570.

[91]. Fouad A. S. Soliman, **Hamid I. E. Mira e Karima A. Mahmoud,
"Importância, pobreza, transmissão e segurança das energias renováveis**
Livro publicado Lambert Academic Publishing, Omni-Scriptum, GmbH e Co. KG. setembro de 2023.
ISBN: 978-6206-8433513.

[92]. Fouad A. S. Soliman, **Hamid I. E. Mira e Karima A. Mahmoud,
"Rumo a 100 % de energias renováveis"** - Livro publicado Lambert
Academic Publishing, Omni-Scriptum, GmbHand Co. KG. Dez. 2023.
ISBN: 978-620-7-44774-9.

[93]. Fouad A. S. Soliman, **e Karima A. Mahmoud, "Vehicles Operação para um futuro não poluído".** Livro publicado Lambert
Publicação académica, Omni-Scriptum, GmbH e Co. KG. Dez. 2023.
ISBN: 978-620-7-45399-3.

[94]. Fouad A. S. Soliman, **e Karima A. Mahmoud, "World of Photonics".** Livro publicado Lambert Academic Publishing, Omni-
Scriptum, GmbH e Co. KG. dezembro de 2023.
ISBN: 978-620-7-45399-3.

[95]. Fouad A. S. Soliman, **e Karima A. Mahmoud, "Electronics and
Ciências informáticas para eleições justas".** Livro publicado

Publicação académica, Omni-Scriptum, GmbH e Co. KG. Dez. 2023.

ISBN: 978-620-7-474783.

[96]. Fouad A. S. Soliman, **Hamid I.ER.Mira e Karima A. Mahmoud,**
"Fosfatos, Ácidos Fosfóricos e Células Fúlgidas". Livro publicado Lambert
Publicação académica, Omni-Scriptum, GmbH e Co. KG. Dez. 2023.

ISBN: 978-620-7-484935.

[97]. Fouad A. S. Soliman, **e Karima A. Mahmoud, "Waste Heat Recovery for Power Generation Applications".** Livro publicado
Lambert Academic Publishing, Omni-Scriptum, GmbH e Co. KG. dezembro de 2023.
ISBN: 978-620-7-48768-4.

[98]. Fouad A. S. Soliman, **Hamed I. E. Mira, e Karima A. Mahmoud,** "Estradas Solares", Livro Publicado. Lambert Academic Publishing, Omni-
Scriptum, GmbH e Co. KG. janeiro de 2024.
ISBN: 978-620-3-19965-5.

[99]. Fouad A. S. Soliman, **e Karima A. Mahmoud, "Solar Energy** Livro publicado Lambert Academic Publishing, Omni-
Scriptum, GmbH e Co. KG, maio de 2024.
ISBN: 978-620-7-64062-1.

[100]. Fouad A. S. Soliman, **e Karima A. Mahmoud, "New Look to the**
O mundo da energia negra e dos materiais". Livro publicado Lambert
Publicação académica, Omni-Scriptum, GmbH e Co. KG, junho de 2024.
ISBN: 978-620-7-64872-6.

[101]. Fouad A. S. Soliman, **e Karima A. Mahmoud, "Artificial Intelligence**
e o Futuro da Humanidade". Livro publicado Lambert Academic Publishing, Omni-Scriptum, GmbH e Co. KG, junho de 2024.
ISBN: 978-620-7-65198-6.

[102]. Fouad A. S. Soliman, **e Karima A. Mahmoud, "Technological Road-**
mapas para o objetivo de emissões líquidas zero até 2030 e 2050". Livro publicado

Lambert Academic Publishing, Omni - Scriptum, GmbH and Co.
KG, junho
2024.
ISBN: 978-620-7-809264.
[103]. Fouad A. S. Soliman, Hamed I. E. Mira e Karima A.
Mahmoud,
"Perovskite para o futuro brilhante das células solares".
Livro publicado
Lambert Academic Publishing, Omni - Scriptum, GmbH and Co.
KG, julho
2024.
ISBN: 978-620-7-995462.
[104]. Fouad A. S. Soliman e Karima A. Mahmoud, "Role of Neural
Redes sobre o futuro brilhante das ciências da computação".
Publicado
Livro Lambert Academic Publishing, Omni - Scriptum, GmbH
and Co.
KG, agosto de 2024.
ISBN: 978-620-8-01103-1.
[105]. Fouad A. S. Soliman, Hamed I. E. Mira e Islam G. El-
hendawy,
"Regenerações de células fotovoltaicas e seus
desenvolvimentos Investigação",
Livro publicado Lambert Academic Publishing, Omni - Scriptum,
GmbH
e Co. KG, setembro de 2024.
ISBN: 978-620-8-11919-5.
[106]. Fouad A. S. Soliman e Karima A. Mahmoud, "World of
Hybridi-
zação". Livro publicado Lambert Academic Publishing, Omni -
Scrip-
tum, GmbH e Co. KG, outubro de 2024.
ISBN: 978-620-817902.

[107]. Fouad A. S. Soliman e Karima A. Mahmoud, "Tecnologias
laser
e futuras aplicações". Livro publicado Lambert Academic
Publishing, Omni -Scriptum, GmbH and Co. KG, outubro de
2024.
ISBN: 978-620-8-22485-1.
[108]. Fouad A. S. Soliman e Karima A. Mahmoud, "Inteligência
Artificial

para a geração óptima de energia solar". Livro publicado Lambert
    Publicação académica, Omni -Scriptum, GmbH e Co. KG, Nov. 2024.
    ISBN: 978-3-659--75529-2.

Karima A.
Investigador de Física

[1]. **Fouad A. S. Soliman** e Karima A. Mahmoud, **"Future of Compo-**
    site Materials" Livro publicado, Lambert Academic Publishing, Omni-
    Scriptum GmbH and Co. KG, julho de 2019.
    ISBN: 978-620-0-24780-3.
[2]. **Fouad A. S. Soliman** e Karima A. Mahmoud, **"Neurons Modeling**
    e Circuitos Eléctricos Equivalentes", Publicação, Omni-Scriptum GmbH
    and Co. KG, agosto de 2019.
    ISBN: 978-620-0-29375-6.
[3]. **Fouad A. S. Soliman** e Karima A. Mahmoud **"Future of Electron**
    Beam Applications", Publishing, Omni-Scriptum GmbH and Co. KG,
    setembro de 2019.
    ISBN: 978-620-0-43740-2.
[4]. **Fouad A.S.Soliman** e Karima A. Mahmoud, **"Renewable Energy**
    e o futuro da vida humana", Livro publicado Lambert Academic
    Publicação, Omni-ScriptumGmbH e Co. KG, fevereiro de 2020.
    ISBN: 978-620-0-53632-7.
[5]. **Fouad A. S. Soliman**, Karima A. Mahmoud e Amira Abdel-magid,
    "Projecções, desenvolvimentos e explorações de energias renováveis
        Recursos" Livro publicado, Lambert Academic Publishing, Omni
        Scriptum GmbH and Co. KG, março de 2020.
        ISBN: 978-620-065158-7.
[6]. **Fouad A. A. Soliman,** Wafaa Abd El-Basit e Karima A. Mahmoud,
        "Tecnologias fotovoltaicas inteligentes e o futuro da energia",
        Livro publicado, Lambert Academic Publishing, Omni- Scriptum GmbH

and Co. KG, março de 2020.
ISBN: 978-620-251267-1

[7]. **Fouad A. S. Soliman, Sanaa A.Kamh e** Karima A. Mahmoud",
Tecnologia de hardware de código aberto, Livro publicado, Lambert
Publicação académica, Omni-Scriptum GmbH e Co. KG, abril de 2020.
ISBN: 978-620-2-51639-6.

[8]. **Fouad A. S. Soliman e** Karima A. Mahmoud, **"New Trends in
Benefícios das energias renováveis para a humanidade",** livro
publicado, Lambert
Publicação académica, Omni-Scriptum GmbH e Co. KG, maio de 2020.
ISBN: 978-620-2-51887-1.

[9]. **Fouad A. S. Soliman, Ashraf M. Abdel-maksoud e** Karima A.
Mahmoud," **Armazenamento, transmissão e monitorização de
energia",**
Livro publicado, Lambert Academic Publishing, Omni-Scriptum GmbH
e Co. K.G., maio de 2020.
ISBN: 978-6213-94971-2.

[10]. **Fouad A. S. Soliman,** Karima A. Mahmoud **e** Amira Abdel-
Magid,
**"Projecções, desenvolvimentos e explorações de energias
renováveis
Recursos"** Livro publicado, Lambert Academic Publishing, Omni-
Scriptum GmbH and Co. KG, março de 2020.
ISBN: 978-620-065158-7.

[11]. **Fouad A. A. Soliman,** Wafaa Abd El-Basit **e** Karima A.
Mahmoud"
**Smart Photovoltaic Technologies and the Future of Energy"
(Tecnologias fotovoltaicas inteligentes e o futuro da energia),**
Livro publicado, Lambert Academic Publishing, Omni- Scriptum GmbH
and Co. KG, março de 2020.
ISBN: 978-620-251267-1

[12]. **Fouad A. S. Soliman, Sanaa A. Kamh e** Karima A.
Mahmoud",
Tecnologia de hardware de código aberto, Livro publicado, Lambert
Publicação académica, Omni-Scriptum GmbH e Co. KG, abril de 2020.

 ISBN: 978-620-2-51639-6

[13]. Fouad A. S. Soliman e Karima A. Mahmoud," New Trends in
    Benefícios das energias renováveis para a humanidade", livro
publicado, Lambert
    Publicação académica, Omni-Scriptum GmbH and Co. KG, maio
de 2020.
    ISBN: 978-620-2-51887-1.

[14]. Fouad A. S. Soliman, Ashraf M. Abdel-maksoud e Karima A.
    Mahmoud, "Armazenamento, transmissão e monitorização de
energia",
    Livro publicado, Lambert Academic Publishing, Omni-Scriptum
GmbH
    and Co. KG, maio de 2020.
    ISBN: 978-613-4-94971-2.

[15]. Fouad S. S. Soliman, e Karima A. Mahmoud, "Climate Effects
on
    PV-Systems and their Maintenance and Recycling", Livro
publicado,
    Lambert Academic Publishing, Omni-Scriptum GmbH e Co. KG,
junho
    2020.
    ISBN: 978-620-2-56451-9.

[16]. Fouad A. S. Soliman, Safaa M. El-Ghanam e Karima A.
    Mahmoud, "O mundo das tecnologias de gel", Livro
publicado,
     Lambert Academic Publishing, Omni-Scriptum GmbH e Co. KG,
    agosto de 2020.
    ISBN: 978-620-2-68432-3.

[17]. Fouad A. S. Soliman, Ashraf M. Abedel-maksoud e Karima A.
    Mahmoud",Tecnologias de energia autónoma e distribuída
    Systems", Livro Publicado, Lambert Academic Publishing,
Omni-
    Scriptum GmbH and Co. KG, setembro de 2020.
    ISBN: 978-620-0-50455-6.

[18]. Fouad A. S. Soliman, Ashraf M. Abedel-maksoud e Karima A.
    Mahmoud", Technology and Future of Nano-fluids", Livro
publicado,
    Lambert Academic Publishing, Omni-Scriptum GmbH e Co. KG,
    setembro de 2020.
    ISBN: 978-620-2-80132-4.

[19]. Fouad A. S. Soliman, Sanaa A. Kamh e Karima A. Mahmoud,
    "Novas tendências em redes de energia micro e híbridas", Livro
publicado,

Lambert Academic **Publishing**, Omni-Scriptum GmbH e Co. KG,
dezembro de 2020.
ISBN: 978-620-2-92022-3.

[20]. **Fouad A. S. Soliman, Safaa R. El-Ghanam e** Karima A.
Mahmoud, **"Novas Tendências em Sistemas Fotovoltaicos",**
Livro Publicado,
Lambert Academic Publishing, Omni-Scriptum GmbH and
Co,
K.G. Dez. 2020.
ISBN: 978-620-3-47075-8.

[21]. **Fouad A. S. Soliman, Hamed I. E. Mira e** Karima A.
Mahmoud,
"Pneus de sucata entre as tecnologias de reciclagem e de
bioenergia",
Livro publicado Lambert Academic Publishing, Omni-Scriptum
GmbH
and Co. KG, março de 2021.
ISBN: 978-620-57464-7.

[22]. **Fouad A. S. Soliman e** Karima A. Mahmoud, **"Automatic**
Moni-
toring of PV-Systems', Livro publicado Lambert Academic.
Publicação,
Omni-Scriptum GmbH e Co. KG, setembro de 2021.
ISBN: 978-620-3-58196-6.

[23]. **Fouad A. S. Soliman, Hamed I. E. Mira e** Karima A.
Mahmoud,
"Hidrogénio: O Futuro dos Combustíveis sem Carbono",
Livro Publicado
Lambert Academic Publishing, Omni-Scriptum GmbH e Co. KG,
outubro de 2021.
ISBN: 978-620-40 20741-4.

[24]. **Fouad A. S. Soliman, e** Karima A. Mahmoud, **"Unmanned**
Aerial
Aplicações e desenvolvimento de veículos para pesos de poucos
gramas",
Livro publicado Lambert Academic Publishing, Omni-Scriptum,
GmbH
and Co. KG, outubro de 2022.
ISBN: 978-620-4-980669.

[25]. **Fouad A. S. Soliman, e** Karima A. Mahmoud, **"The Benefits of**
O plástico e os seus perigos iminentes para a humanidade", livro
publicado
Lambert Academic Publishing, Omni-Scriptum, GmbH e Co. KG,

outubro de 2022.
ISBN: 978-620-5622472.

[26]. **Fouad A. S. Soliman, e** Karima A. Mahmoud, **"Advanced Tecnologias para prospeção e mineração de ouro",** Livro publicado
Lambert Academic Publishing Omni-Scriptum, GmbH e Co. KG, fevereiro de 2023.
ISBN: 978-620-6142263.

[27]. **Fouad A. S. Soliman e** Karima A. Mahmoud, **"Neuro-linguistic
Programação",** Livro publicado Lambert Academic Publishing, Omni-
Scriptum, GmbH e Co. KG, março de 2023.
ISBN: 978-620-14432.

[28]. **Fouad A. S. Soliman, e** Karima A. Mahmoud, **"Global Energy Interligação e prática",** livro publicado pela Lambert Academic Publicação, Omni-Scriptum, GmbH e Co. KG, abril de 2023.
ISBN: 978-6206-153573.

[29]. **Fouad A. S. Soliman, Hamid I. E. Mira e** Karima A. Mahmoud,
"Uma visão do mundo da tecnologia da energia eólica". Publicado
Livro Lambert Academic Publishing, Omni-Scriptum, GmbH and Co.
KG. setembro de 2023.
ISBN: 978-6206-781967.

[30]. **Fouad A. S. Soliman, Wafaa A. Zekri e** Karima A. Mahmoud, **Role
do Hidrogénio na Vida Humana".** Livro publicado Lambert Academic
Publicação, Omni-Scriptum, GmbH e Co. KG. setembro de 2023.
ISBN: 978-6206-78625-2.

[31]. **Fouad A. S. Soliman,andKarima** A. Mahmoud, **"Future of
Energia renovável e técnicas de armazenamento".** Livro publicado
Lambert Academic Publishing, Omni-Scriptum, GmbH e Co. KG.
setembro de 2023.
ISBN: 978-6206-790570.

[32]. **Fouad A. S. Soliman, Hamid I. E. Mira e** Karima A. Mahmoud,
**"Importância, pobreza, transmissão e segurança das energias renováveis
Livro publicado Lambert Academic Publishing, Omni-

Scriptum, GmbH e Co. KG. setembro de 2023.
ISBN: 978-6206-8433513.

[33]. **Fouad A. S. Soliman, Hamid I. E. Mira e** Karima A. Mahmoud,
"Rumo a 100 % de energias renováveis" - Livro publicado Lambert
Publicação académica, Omni-Scriptum, GmbH e Co. KG. Dez. 2023.
ISBN: 978-620-7-44774-9.

[34]. **Fouad A. S. Soliman, e** Karima A. Mahmoud**, "Vehicles Operation
At Non-polluted Future",** livro publicado pela Lambert Academic Publishing.
Omni-Scriptum, GmbH e Co. KG. dezembro de 2023.
ISBN: 978-620-7-45399-3.

[35]. Fouad A. S. Soliman**, e Karima A. Mahmoud, "World of
Photonics".** Livro publicado Lambert Academic Publishing, Omni-
Scriptum, GmbH e Co. KG. dezembro de 2023.
ISBN: 978-620-7-467945.

[36]. **Fouad A. S. Soliman, e** Karima A. Mahmoud**, "Electronics and
Ciências informáticas para eleições justas".** Livro publicado Lambert
Publicação académica, Omni-Scriptum, GmbH e Co. KG. Dez. 2023.
ISBN: 978-620-7-474783.

[37]. **Fouad A. S. Soliman e** Karima A. Mahmoud**, "Phosphates,
Ácidos Fosfóricos e Células Fúngicas".** Livro publicado Lambert Academic
Publicação, Omni-Scriptum, GmbH e Co. KG. dezembro de 2023.
ISBN: 978-620-7-484935.

[38]. **Fouad A. S. Soliman, eKarima** A. Mahmoud**, "Waste Heat Reco-
very for Power Generation Applications".** Livro publicado Lambert
Publicação académica, Omni-Scriptum, GmbH e Co. KG. Dez. 2023.
ISBN: 978-620-7-48768-4.

[39]. **Fouad A. S. Soliman, Hamed I. E. Mira e** Karima A. Mahmoud,
"Estradas Solares", Livro Publicado. Lambert Academic Publishing, Omni-
Scriptum, GmbH e Co. KG. janeiro de 2024.

ISBN: 978-620-3-19965-5.

[40].   Fouad A. S. Soliman, eKarima A. Mahmoud, "Solar Energy Engin-
eering". Livro publicado Lambert Academic Publishing, Omni-Scriptum,
GmbH e Co. KG, maio de 2024.
ISBN: 978-620-7-64062-1.

[41].   Fouad A. S. Soliman, andKarima A. Mahmoud, "New Look to the
O mundo da energia negra e dos materiais". Livro publicado Lambert
Publicação académica, Omni-Scriptum, GmbH e Co. KG, junho de 2024.
ISBN: 978-620-7-64872-6.

[42].   Fouad A. S. Soliman, andKarima A. Mahmoud, "Artificial Intelligence
e o Futuro da Humanidade". Livro publicado Lambert Academic
Publicação, Omni-Scriptum, GmbH e Co. KG, junho de 2024.
ISBN: 978-620-7-65198-6.

[43].   Fouad A. S. Soliman, andKarima A. Mahmoud, "Technological Road-
mapas para o objetivo de emissões líquidas zero até 2030 e 2050". Livro publicado
Lambert Academic Publishing, Omni - Scriptum, GmbH and Co. KG, junho
2024.
ISBN: 978-620-7-809264.

[44].   Fouad A. S. Soliman, Hamed I. E. Mira e Karima A. Mahmoud,
"Perovskite para o futuro brilhante das células solares". Livro publicado
Lambert Academic Publishing, Omni - Scriptum, GmbH and Co. KG, julho
2024.
ISBN: 978-620-7-995462.

[45].   Fouad A. S. Soliman e Karima A. Mahmoud, "Role of Neural
Redes sobre o futuro brilhante das ciências da computação". Publicado
Livro Lambert Academic Publishing, Omni - Scriptum, GmbH and Co.
KG, agosto de 2024.
ISBN: 978-620-8-01103-1.

[46].   **Fouad A. S. Soliman** e Karima A. Mahmoud, **"World of Hybridi-**
       zação". Livro publicado Lambert Academic Publishing, Omni -Scriptum,
       GmbH e Co. KG, outubro de 2024.
       ISBN: 978-620-817902.

[47].   **Fouad A. S. Soliman** e Karima A. Mahmoud, **"Tecnologias laser**
       e futuras aplicações". Livro publicado Lambert Academic
       Publishing, Omni -Scriptum, GmbH and Co. KG, outubro de
2024.
       ISBN: 978-620-8-22485-1.

[48].   Fouad A. S. Soliman e **Karima A. Mahmoud, "Artificial Intelligence**
       para a geração óptima de energia solar". Livro publicado Lambert
       Publicação académica, Omni -Scriptum, GmbH e Co. KG, Nov.
2024.
       ISBN: 978-3-659--75529-2.

Agradecimentos

Estamos ajoelhados em obediência a ALÁ, agradecendo-Lhe por me ter mostrado o caminho certo. Sem a ajuda de Deus, os nossos esforços ter-se-iam perdido. Foi com a graça de Deus que conseguimos alcançar este grande feito. Agradecemos também a uma pessoa que amamos muito, o Profeta Maomé (que Deus o louve e lhe dê paz).

Gostaríamos também de expressar a nossa mais profunda gratidão a:

-   Nuclear Materials Authority, Cairo, Egito.
       Funcionário dos diferentes sectores.

-   Colégio Feminino de Artes, Ciências e Educação, Ain-shams
       Universidade, Cairo, Egito
       Membros do pessoal do Departamento de Física e do Laboratório de Investigação em Eletrónica.

- Centro Nacional de Investigação e Tecnologia das Radiações, Cairo, Egito

Membros do pessoal do Departamento de Física das Radiações.

- Membros do pessoal do Centro Egípcio de Estudos Económicos, Investigação Científica e Ambiental e Desenvolvimento.

Foram efectuados muitos estudos pormenorizados sobre micro/nanocompósitos de polímeros utilizados em aplicações de alta tensão. O estudo foi baseado em muitos trabalhos de investigação publicados anteriormente neste domínio. É dada especial atenção à relação estrutura-propriedade dos materiais compósitos utilizados na engenharia de energia, explorando a teoria fundamental, bem como modelos numéricos/analíticos e a influência da conceção do material nas propriedades eléctricas, mecânicas e térmicas. Para além de descrever o desenvolvimento científico das caraterísticas eléctricas dos micro/nano-compósitos desejados na engenharia de energia, o estudo centra-se principalmente nas propriedades eléctricas dos materiais isolantes, em particular o polietileno reticulado (XLPE) e as resinas epoxídicas, sem carga e com diferentes tipos de carga. Os micro/nano-compósitos poliméricos à base de XLPE e resinas epoxídicas são normalmente utilizados como sistemas de isolamento para aplicações de alta tensão, tais como: cabos, geradores, motores, transformadores de resina fundida de tipo seco, etc. Além disso, este trabalho inclui uma ampla discussão sobre as vantagens e desvantagens resultantes das propriedades eléctricas, mecânicas e térmicas da adição de micro e nano cargas ao polímero de base. Os objectivos do estudo são determinar o impacto do tamanho, tipo e distribuição das partículas de carga na matriz polimérica sobre as propriedades eléctricas, mecânicas e térmicas dos micro/nano-compósitos poliméricos em comparação com o polímero puro e com os materiais tradicionalmente utilizados como sistemas de isolamento em engenharia de alta tensão. São analisadas propriedades como a condutividade eléctrica, a permissividade relativa, as perdas dieléctricas, as descargas parciais, a resistência à erosão, o comportamento da carga espacial, a rutura eléctrica, a resistência ao rastreio e à árvore eléctrica, a condutividade térmica, a resistência à tração e o módulo, o alongamento na rutura de micro e nano-compósitos à base de resina epóxida e XLPE. Finalmente, a utilização de micro/nano-compósitos poliméricos em engenharia eléctrica é considerada promissora ou necessita de mais trabalho de investigação para diversificar as matrizes poliméricas dos compósitos e melhorar as suas propriedades.

Palavras-chave

Isolante, material, que, a, eletricidade, não, flui, independentemente, porque, os, átomos, isolante, têm, mais, apertados, ligados, electrões, que, não, podem, mover-se, facilmente, com-monly, encontrado, papel, plástico, borracha, vidro, ar, semicondutores, condutores, são, não, isolante, materiais, que, conduz, corrente, eléctrica, mais, facilmente, comapared, têm, maior, resistividade, principalmente, usado, para, cobertura, materiais, que, transportam, eletricidade, por, exemplo, plástico, cobre, rodeia, fios, como, impede, eletricidade, de, fluir, onde, não é, necessário, além disso, também, usado, especificamente, para, ligar, energia, distribuição, transmissão, linhas, utilidade, postes, transmissão, torres, função, primária, separar, condutor, de, torre de transmissão, linha de transmissão, criar, barreira, entre, partes, activas, circuito elétrico, restringir, fluxo, corrente, fios, outros, condutores, caminhos, necessários, fio, uma, corrente, eléctrica, ocorre, eletrão, move-se, uma vez que, isoladores, têm, firmemente, ligados, electrões, estacionários, movem-se, através, da, substância, eles, servem, segurar, corrente, posição, separar, pólo, de, condutor, evitar, fuga, corrente, terra, não isolado corretamente, corrente, fluirá, através, do, pólo, por isso, se, algum, animal, pessoa, tocar, no, pólo, então, eles, ficam, chocados, o, que, pode, também, levar, à, morte, seguinte, principais, tipos, de, isoladores, utilizados, em, linhas, de, transmissão, de, energia, isoladores, de, disco, isoladores, de, poste, isoladores, de, pino, isoladores, de tensão, isoladores, de, suspensão, isoladores, de, agitação, isoladores, de, permanência, isoladores, de, polímero, isoladores, de, vidro, isoladores, de, haste, longa, isolador de haste longa, muitas, vantagens, como, não, avaria, boa auto-limpeza, baixa quebra, pode, proporcionar, melhor, isolamento, desempenho, sem, poluição, condições, bastante, baixo, peso, completo, isolador, conjunto, e, simples, montagem, cordas, cromatografiaexclusão, de, tamanho, , de, chamada, gel, permeação, chro-mato-grafia, às, vezes, acoplada, com, estática, luz, espalhamento, pode, usado, técnicas de dispersão, tais como a dispersão de luz estática e a dispersão de neurónios de pequeno ângulo, determinam as dimensões, o raio de giração, as macromoléculas, a solução, a fusão, a dispersão de raios X de grande ângulo, a difração de raios X de grande ângulo, é utilizada, a estrutura cristalina, os polímeros, a sua falta, técnicas de espetroscopia, incluindo, transformada de Fourier, espetroscopia de infravermelhos, espetroscopia Raman, espetroscopia de ressonância magnética nuclear, composição química, calorimetria diferencial de varrimento, utilizada para, caraterizar, propriedades térmicas dos polímeros, temperatura de transição vítrea, temperatura de cristalização, temperatura de fusão, termogravimetria, útil, técnica, avaliar, estabilidade térmica, reologia, caraterizar, o comportamento de fluxo e deformação, viscosidade, módulo, outras, propriedades reológicas, moléculas muito, grandes, constituídas, repetitivas, subunidades, derivadas, espécies de monómeros, amplo, espetro, propriedades, tanto sintéticas, naturais, polímeros, essenciais, omnipresentes, papéis, quotidianos, familiares, sintéticos, plásticos, tais, e poli-estireno natural, biopolímeros.

Índice

Capítulo (1)
Isoladores de linhas de transmissão de alta tensão

1.1. Prefácio

Um isolador é um material no qual a eletricidade não flui de forma independente. Isto deve-se ao facto de os átomos do isolador terem os electrões mais ligados e não se poderem mover facilmente. Os isoladores mais comuns são o papel, o plástico, a borracha, o vidro e o ar.

Os semicondutores e os condutores são materiais não isolantes, na medida em que conduzem mais facilmente a corrente eléctrica. Em comparação com os semicondutores ou os condutores, os isoladores têm uma resistividade mais elevada [1]. São utilizados principalmente para cobrir materiais que transportam eletricidade. Por exemplo, a cobertura de plástico que envolve os fios, pois impede que a eletricidade circule onde não é necessária. Além disso, os isoladores são também utilizados especificamente para ligar linhas de distribuição ou transmissão de energia eléctrica a postes e torres de transmissão.

1.2. Necessidades dos isoladores

A principal função do isolador é separar o condutor da torre de transmissão na linha de transmissão. Criam uma barreira entre as partes activas de um circuito elétrico e restringem o fluxo de corrente para os fios ou outros caminhos condutores, conforme necessário [2].

Num fio, ocorre uma corrente eléctrica quando o eletrão se move. Uma vez que os isoladores têm electrões fortemente ligados, estes são estacionários e não se movem ao longo da substância. Servem para manter a corrente em posição e separar o pólo do condutor para evitar a fuga de corrente para a terra. Se não estiver corretamente isolado, a corrente fluirá através do pólo. Assim, se um animal ou uma pessoa tocar no poste, leva um choque que pode levar à morte.

1.3. Tipos de isoladores

De seguida, apresentam-se os principais tipos de isoladores utilizados nas linhas de transmissão de energia [3]:

- Isoladores de disco
- Isoladores de postes
- Isoladores de pinos

- Isoladores de tensão
- Isoladores de suspensão
- Isoladores Shakle
- Isoladores de estanquidade
- Isoladores de polímeros
- Isoladores de vidro
- Isoladores de haste longa

1.3.1. Isoladores de disco

Tal como o nome sugere, a forma do isolador é semelhante a um disco, pelo que é designado por isolador de disco. Estes tipos de isoladores são utilizados em linhas de transmissão e distribuição de alta tensão. Os isoladores de disco são concebidos para satisfazer a resistência eletromecânica necessária. Além disso, são uma solução económica para ambientes de média e baixa poluição [4].

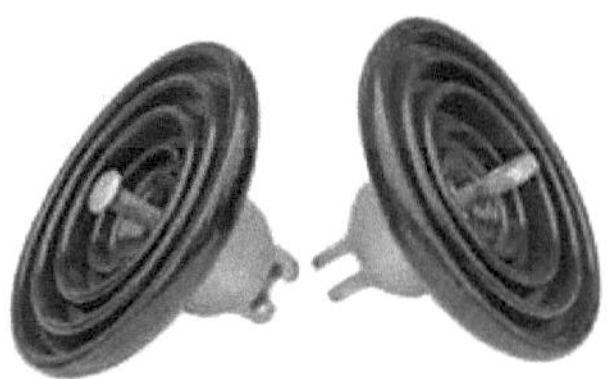

As aplicações destes isoladores incluem linhas de transmissão, industriais e comerciais, uma vez que possuem caraterísticas altamente eficientes, como baixa corrosão e design robusto. Fornecem isolamento, bem como suporte para condutores de linha em sistemas de suspensão e tensão. Além disso, é capaz de manter altas tensões com cargas elevadas.

Vantagens do isolador de disco	Desvantagens do isolador de disco
Tem uma tensão nominal de 11KV, pelo que se pode fazer um fio de suspensão com um conjunto de discos.	As cordas de isolamento são caras em comparação com outros tipos.
Devido à linha de suspensão elástica, a pressão mecânica é baixa.	Requerem maior altura para suportar a torre e manter a permissão de terra do condutor.

Se o disco ficar danificado, pode ser substituído muito facilmente.	Normalmente, é necessário um braço transversal com um comprimento superior.
Protege contra o ruído, a eletricidade, o calor e também suporta o condutor aéreo.	A torre tem de ser mais forte para suportar o peso do isolador.

1.3.2. Isoladores de postes

É um isolador de alta tensão concebido para ser utilizado em subestações, uma vez que é adequado para diferentes níveis de tensão. São utilizados porque asseguram a distribuição segura e estável da eletricidade produzida nas centrais eléctricas [5].

Os pós-isoladores são feitos de material cerâmico ou de uma única peça de material compósito (borracha de silicone) e são capazes de transportar energia até 1100KV. É colocado na posição vertical e é amplamente utilizado para proteger transformadores, comutadores e outros equipamentos de ligação devido às suas excelentes propriedades mecânicas.

Vantagens do isolador de poste	Desvantagens do isolador de poste
Estes têm uma boa resistência química e térmica.	Devido à leveza do isolador de postes, este exerce menos carga sobre a estrutura de suporte.

Os pós-isoladores podem ser facilmente fabricados para cargas mecânicas especificadas com resistências de centenas de quilovolts.	O custo inicial será barato, mas a longevidade do isolante é muito baixa.

1.3.3. Isoladores de pinos

Os isoladores de cavilha são mais comuns nas linhas de distribuição de energia eléctrica. É um dispositivo que isola um fio de um suporte físico, como uma cavilha (de madeira ou de metal) num poste de eletricidade. Trata-se de uma forma de camada única feita de um material não condutor, geralmente porcelana ou vidro [6].

Podem ser utilizados isoladores de pinos simples ou múltiplos no suporte físico, consoante a aplicação da tensão. O isolador de pinos é capaz de suportar tensões até 11kV e é concebido com um material de elevada resistência mecânica. Estes estão dispostos na posição vertical ou horizontal.

Vantagens do isolador de pinos	**Desvantagens do isolador de pinos**
O isolador de pinos tem maior resistência mecânica e boa distância de fuga.	Necessita de um fuso para dispor o isolador.
Estes são bem adequados para linhas de distribuição de energia eléctrica de alta tensão.	A tensão nominal é limitada a 36kV e é utilizada apenas na linha de distribuição.
A principal vantagem é o facto de poder ser montado na vertical e na horizontal.	O pino do isolador pode danificar a rosca do isolador.

1.3.4. Isoladores de tensão

Estes tipos de isoladores são concebidos para funcionar sob tensão mecânica para suportar o estiramento de um fio ou cabo elétrico suspenso. É semelhante a um isolador de suspensão, uma vez que é utilizado para suportar antenas de rádio e linhas eléctricas aéreas [6].

Um isolador de tensão é colocado entre dois comprimentos de fio para os separar eletricamente um do outro, mantendo uma ligação mecânica. Ou é utilizado onde um fio se junta a um poste ou torre, para dar a tração do fio ao suporte enquanto o isola eletricamente. Estes isoladores têm um potencial de tensão de cerca de 33kV.
Vantagens do isolador de tensão:

- Estes são facilmente concebidos a partir de uma peça de vidro, porcelana ou fibra de vidro.
- Se o isolador estiver danificado, o estai ou o cabo de sustentação não cairá no solo.
- Para aplicação em linhas de baixa tensão, o isolador de tensão é isolado da terra.

1.3.5. Isoladores de suspensão

Estes tipos de isoladores são geralmente utilizados como condutores para proteger as linhas de transmissão aéreas. O isolador de suspensão é normalmente feito de material de porcelana e é utilizado em torres. São constituídos por vários isoladores ligados em série para formar uma cadeia [6].

É articulado no braço transversal da torre e transporta um condutor de energia na sua extremidade inferior. São utilizados quando é necessária uma tensão mais elevada, de cerca de 33 kV. O isolador de pino torna-se económico à medida que o tamanho e o peso do isolador aumentam. Para ultrapassar estas dificuldades, é utilizado um isolador de suspensão.

As vantagens do isolador de suspensão	Desvantagens do isolador de suspensão
Cada unidade pode funcionar com uma tensão de cerca de 11kV.	A cadeia de isoladores é dispendiosa quando comparada com os isoladores do tipo pino e do tipo poste.
Se a unidade inteira se desgastar, pode ser facilmente substituída por uma nova unidade sem substituir o fio.	Requer uma maior altura da estrutura de suporte para manter a mesma distância ao solo que o condutor atual.
O fio é livre de oscilar em qualquer direção, pelo que tem uma grande flexibilidade.	Neste caso, a amplitude da oscilação livre dos condutores é maior, pelo que existem mais folgas entre os condutores.
O custo do isolante é consideravelmente baixo.	

1.3.6. Isoladores de manilha

Os isoladores de manilha são geralmente de pequenas dimensões e utilizados em sistemas de distribuição de baixa tensão. Este tipo de isolador pode ser utilizado tanto na posição vertical como na horizontal. A ligação deste isolador pode ser efectuada utilizando uma tira metálica e é capaz de suportar uma tensão de cerca de 33 kV [6].

Tem um orifício afunilado que distribui a força de carga de forma mais consistente, reduzindo a possibilidade de fratura quando está muito carregado. A utilização de isoladores diminuiu recentemente após a utilização generalizada de cabos subterrâneos para fins de distribuição.

Vantagens do isolador de manilha	Desvantagens do isolador de manilha
Os isoladores de manilha podem ser facilmente concebidos para satisfazer os requisitos de potência.	Altamente fiável para condutores.
Podem ser dispostos tanto na vertical como na horizontal, consoante a aplicação.	São apenas para redes de distribuição de baixa tensão.
Estas são as soluções mais satisfatórias para garantir a segurança dos diferentes equipamentos eléctricos.	

1.3.7. Isoladores de estanquidade

É um tipo de isolador de baixa tensão concebido para contrabalançar o peso e fixar os postes sem saída, combinando um fio de suporte ou uma pega principal. Estes isoladores têm uma forma retangular e estão disponíveis em tamanhos mais pequenos do que os outros tipos [6].

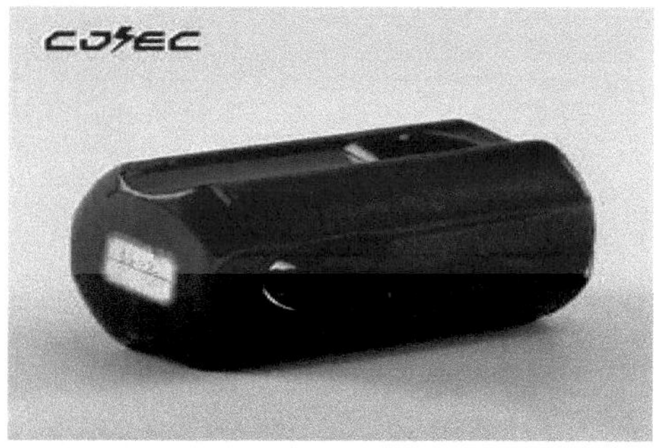

Estes isoladores podem ser colocados entre o condutor da linha e a terra. Além disso, também actuam como dispositivos de proteção contra falhas súbitas ou mudanças bruscas de tensão. A importância destes isoladores é visível quando os postes caem ao chão ou quando os fios de suporte são acidentalmente partidos devido a uma carga mecânica adicional.

Vantagens do isolador de estada	Desvantagens do isolador de estada
São principalmente úteis em configurações de cabos de sustentação para equilibrar a tração.	São utilizados apenas para linhas de transmissão de baixa tensão
Além disso, desempenham um papel importante na sustentação do isolamento entre os postes de transmissão.	

1.3.8. Isoladores de polímeros

Trata-se de um tipo de equipamento elétrico geralmente constituído por materiais poliméricos e acessórios metálicos. Para além disso, estes isoladores são feitos de varetas de fibra de vidro e estão rodeados por protecções contra intempéries em polímero. As protecções contra as intempéries protegem o núcleo do isolador do ambiente exterior [7, 8].

Os isoladores de polímero são mais leves do que os de porcelana e fornecem uma melhor potência. Em geral, é considerado um bom isolante tanto para o calor como para a eletricidade. É utilizado como isolante devido às suas propriedades eléctricas, mecânicas, químicas e térmicas únicas.

Vantagens do isolador de polímero	Desvantagens do isolador de polímero
Quando comparado com um isolador de porcelana, um isolador de polímero têm uma maior resistência à tração.	A humidade pode entrar no núcleo quando existe um espaço entre o núcleo e o abrigo contra intempéries. Isto pode danificar o isolante.
O desempenho é muito melhor do que outros tipos, especialmente em áreas poluídas.	O excesso de cravação nos encaixes pode rachar o núcleo, o que leva à falha mecânica do isolador.
Devido à sua leveza, coloca menos carga na estrutura de suporte.	
É necessária menos manutenção devido à natureza hidrofóbica do isolador.	

1.3.9. Isoladores de vidro

Estes são tipos de isoladores utilizados em linhas de transmissão de energia eléctrica que são normalmente feitos de vidro recozido ou temperado. O objetivo deste isolador é isolar os fios eléctricos, de modo a que a eletricidade não se infiltre em todos os pólos e na terra [9].

Anteriormente, os isoladores de vidro eram utilizados nas linhas telegráficas e telefónicas, que foram mais tarde substituídos por tipos de cerâmica e porcelana no século XIX. Para ultrapassar a fragilidade do vidro, foram introduzidos tipos de vidro temperado, que se tornaram populares devido à sua longa vida útil.

Vantagens do isolante de vidro	Desvantagens do isolador de vidro
A sua rigidez dieléctrica é muito superior à dos isoladores de porcelana.	A humidade pode condensar-se facilmente na sua superfície, limitando a sua utilização a baixa tensão.
Devido à transparência do vidro, as impurezas e as bolhas de ar podem ser facilmente detectadas no interior do isolador.	Para tensões elevadas, o vidro não pode ser moldado numa forma irregular, porque o arrefecimento irregular provoca arrefecimento interno e tensões.
A resistividade é muito alta, além de ter um baixo coeficiente de expansão térmica.	

1.3.10. Isoladores de haste longa

Os isoladores de haste longa são normalmente articulados em torres de aço para isolar as linhas de transmissão. Além disso, funcionam também como dispositivos de proteção, uma vez que fornecem energia de forma segura. Dependendo da utilização e dos requisitos, os isoladores de barra longa são geralmente compostos por vários isoladores [10].

Trata-se de varões de porcelana com proteção contra as intempéries e terminais metálicos no exterior. A vantagem de utilizar este tipo de isoladores é o facto de poderem ser utilizados tanto em locais de tensão como de suspensão.

1.3.10.1. Vantagens do isolador de haste longa

- O isolador de haste longa tem muitas vantagens, como não avariar, boa auto-limpeza, baixa quebra, etc.
- Podem proporcionar um melhor desempenho de isolamento em condições de poluição.
- Peso bastante baixo para um conjunto completo de isoladores e montagem simples de cordas.

1.4. Referências

[1].   Holtzhausen, J.P. "Isoladores de alta tensão" (PDF). IDC Technologies.
        Arquivado do original em 2014-05-14. Recuperado em 2008-10-17.
[2].   IEC 60137:2003. "Casquilhos isolados para tensões alternadas superiores a 1.000
        V.' CEI, 2003.
[3].   Diesendorf, W. (1974). Coordenação de Isolamento em Energia de Alta Tensão
        Sistemas. REINO UNIDO: Butterworth & Co. ISBN 0-408-70464-0. Reimpresso em
        Sobretensão e flashovers, sítio Web de informação sobre isoladores de A. C. Walker
[4].   Donald G. Fink, H. Wayne Beaty (ed), Standard Handbook for Electrical
        Engineers, 11ª edição, McGraw-Hill, 1978, ISBN 0-07-020974-X, páginas

14-153, 14-154.

[5].   Grigsby, Leonard L. (2001). The Electric Power Engineering Handbook.
         EUA: CRC Press. ISBN 0-8493-8578-4.

[6].   Bakshi, M (2007). Transmissão e Distribuição de Energia Eléctrica.
         Publicações Técnicas. ISBN 978-81-8431-271-3.

[7].   "Isoladores : Página inicial da Associação Nacional de Isoladores". www.nia.org.
         Recuperado em 2017-12-12

[8].   Taylor, Sue (maio de 2003). Bullers de Milton. Livros de Churnet Valley.
         ISBN 978-1-897949-96-2.

[9].   Aayush Kejriwal 12 de julho de 2024,
         Qual é o melhor isolante elétrico - borracha, vidro, plástico ou cerâmica?

[10].   M. Shakiba, F.; M, S. Azizi; M., Zhou (outubro de 2022). "Uma transferência de aprendizagem-
         Método baseado na deteção de falhas no isolador da transmissão de alta tensão
         Linhas através de imagens aéreas: Distinguir isoladores intactos e partidos
         Imagens". Revista de Inteligência Artificial. 8 (4): 15-25

Capítulo (2)
Polímeros

2.1. Prefácio

Um polímero é uma substância ou material que consiste em moléculas muito grandes, ou macromoléculas, que são constituídas por muitas subunidades repetidas derivadas de uma ou mais espécies de monómeros [1-6]. Devido ao seu vasto espetro de propriedades [7], tanto os polímeros sintéticos como os naturais desempenham papéis essenciais e omnipresentes na vida quotidiana [8]. Os polímeros vão desde os conhecidos plásticos sintéticos, como o poli-estireno, até aos biopolímeros naturais, como o ADN e as proteínas, que são fundamentais para a estrutura e função biológicas. Os polímeros, tanto naturais como sintéticos, são criados através da polimerização de muitas moléculas pequenas, conhecidas como monómeros.

Os polímeros são estudados nos domínios da ciência dos polímeros (que inclui a química dos polímeros e a física dos polímeros), da biofísica e da ciência e engenharia dos materiais. Historicamente, os produtos resultantes da ligação de unidades repetitivas através de ligações químicas covalentes têm sido o foco principal da ciência dos polímeros. Uma área importante emergente centra-se atualmente nos polímeros supramoleculares formados por ligações não covalentes. O poli-isopreno da borracha de látex é um exemplo de um polímero natural, e o poliestireno da espuma de estireno é um exemplo de um polímero sintético.

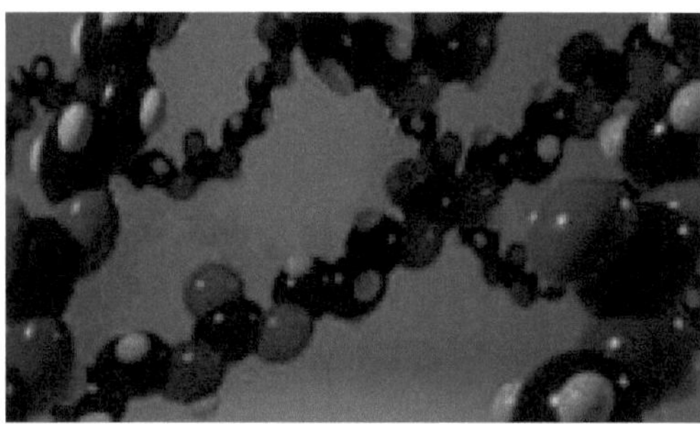

Esquema em desenho animado de moléculas de polímero.

2.2. Etimologia

O termo "polímero" deriva do grego πολύς (polus) 'muitos, muito' e(meros) 'parte'. O termo foi cunhado em 1833 por Jöns Jacob Berzelius, embora com uma definição distinta da definição moderna da IUPAC [9, 10]. O conceito moderno de polímeros como estruturas macromoleculares ligadas covalentemente foi proposto em 1920 por Hermann Staudinger

[11], que passou a década seguinte a encontrar provas experimentais para esta hipótese [12].

2.3. Exemplos comuns

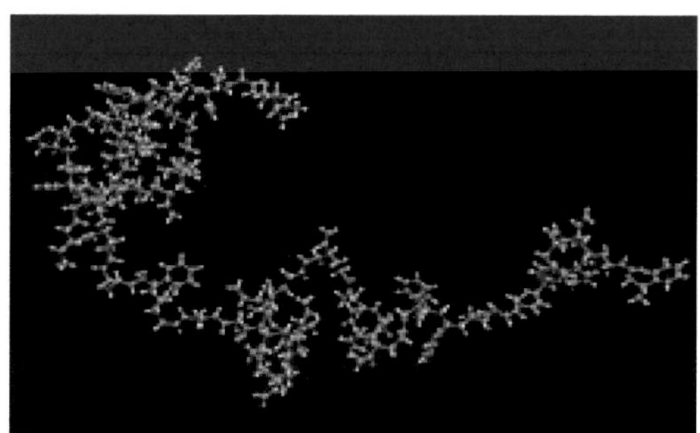

Estrutura de uma cadeia de estireno-butadieno, de uma simulação molecular.

Os polímeros são naturais e sintéticos ou fabricados pelo homem

Natural: O cânhamo, a goma-laca, o âmbar, a lã, a seda e a borracha natural são utilizados há séculos. Existe uma variedade de outros polímeros naturais, como a celulose, que é o principal constituinte da madeira e do papel.

Polímero espacial: A hemoglicina (anteriormente designada hemolitina) é um polímero espacial que é o primeiro polímero de aminoácidos encontrado em meteoritos [13-15].

Sintéticos: A lista de polímeros sintéticos inclui o polietileno, o polipropileno, o poliestireno, o cloreto de polivinilo, a borracha sintética, a resina de fenol-formaldeído baquelite), o neopreno, o nylon, o poliacrilo-nitrilo, o PVB, o silicone, etc. [16].

Geralmente, a espinha dorsal continuamente ligada de um polímero utilizado para a preparação de plásticos consiste principalmente em átomos de carbono. Um exemplo simples é o polietileno (polythene), cuja unidade de repetição ou monómero é o etileno. Existem muitas outras estruturas; por exemplo, elementos como o silício formam materiais familiares como os silicones, de que são exemplos a massa de modelar e o vedante de canalizações à prova de água. O oxigénio está também vulgarmente presente em espinhas dorsais de polímeros, como os do polietilenoglicol, polissacáridos (em ligações glicosídicas) e ADN (em ligações fosfodiéster).

2.4. Síntese

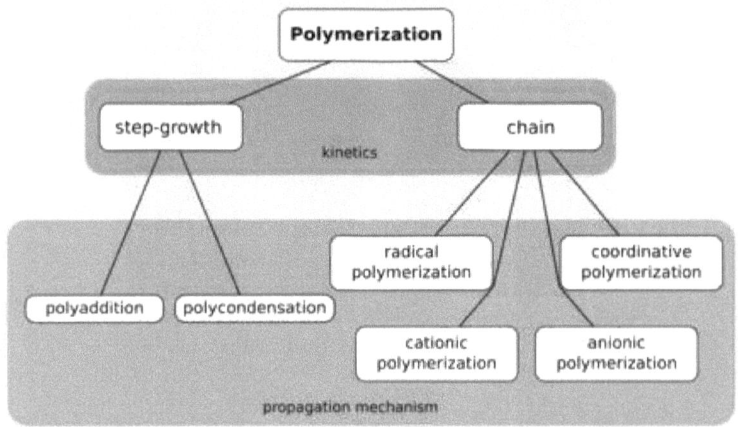

Uma classificação das reacções de polimerização

A polimerização é o processo de combinação de muitas moléculas pequenas, conhecidas como monómeros, numa cadeia ou rede ligada covalentemente. Durante o processo de polimerização, alguns grupos químicos podem perder-se de cada monómero. Isto acontece na polimerização do poliéster PET. Os monómeros são o ácido tereftálico HOOC-C6H4-COOH) e o etilenoglicol (HO-CH2-CH2-OH), mas a unidade de repetição é -OC-C6H4-COO-CH2-CH2-O-, o que corresponde à combinação dos dois monómeros com a perda de duas moléculas de água. A parte distinta de cada monómero que é incorporada no polímero é conhecida como unidade de repetição ou resíduo de monómero.

Os métodos sintéticos são geralmente divididos em duas categorias: polimerização por etapas e polimerização em cadeia [17]. A diferença essencial entre os dois é que, na polimerização em cadeia, os monómeros são adicionados à cadeia um de cada vez [18], como no poliestireno, enquanto na polimerização em cadeia as cadeias de monómeros podem combinar-se diretamente [19], como no poliéster.

**Exemplo de polimerização em cadeia: Polimerização radical do estireno, R.
é um radical de iniciação, P. é um outro radical de terminação da cadeia polimérica
a cadeia formada por recombinação radicalar.**

Os métodos mais recentes, tais como a polimerização por plasma, não se enquadram exatamente em nenhuma das categorias. As reacções de polimerização sintética podem ser realizadas com ou sem um catalisador. A síntese laboratorial de biopolímeros, especialmente de proteínas, é uma área de investigação intensiva.

2.4.1. Síntese biológica

As principais classes de biopolímeros são os polissacáridos, os polipéptidos e os polinucleótidos. Nas células vivas, eles podem ser sintetizados por processos mediados por enzimas, como a formação de DNA catalisada pela DNA polimerase. A síntese de proteínas envolve múltiplos processos mediados por enzimas para transcrever a informação genética do ADN para ARN e, subsequentemente, traduzir essa informação para sintetizar a proteína especificada a partir de aminoácidos. A proteína pode ainda modificada ser após a tradução, de modo a obter uma estrutura e uma função adequadas. Existem outros biopolímeros, como a borracha, a suberina, a melanina e a lignina.

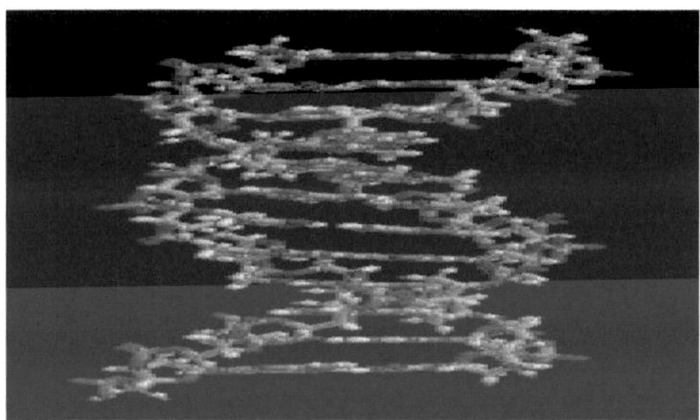

Microestrutura de parte de um biopolímero de dupla hélice de ADN.
2.4.2. Modificação de polímeros naturais

Os polímeros naturais, como o algodão, o amido e a borracha, foram materiais familiares durante anos antes de surgirem no mercado os polímeros sintéticos, como o polietileno e o perspex. Muitos polímeros comercialmente importantes são sintetizados por modificação química de polímeros naturais. Exemplos proeminentes incluem a reação de ácido nítrico e celulose para formar nitrocelulose e a formação de borracha vulcanizada por aquecimento de borracha natural na presença de enxofre. As formas pelas quais os polímeros podem ser modificados incluem a oxidação, a reticulação e o revestimento final.

2.5. Estrutura

A estrutura de um material polimérico pode ser descrita em diferentes escalas de comprimento, desde a escala de comprimento sub-nm até à escala macroscópica. De facto, existe uma hierarquia de estruturas, em que cada fase fornece as bases para a seguinte [20]. O ponto de partida para a descrição da estrutura de um polímero é a identidade dos seus monómeros constituintes. Em seguida, a microestrutura descreve essencialmente a disposição destes monómeros no polímero à escala de uma única cadeia. A microestrutura determina a possibilidade de o polímero formar fases com diferentes disposições, por exemplo, através da cristalização, da transição vítrea ou da separação de microfases [21]. Estas caraterísticas desempenham um papel importante na determinação das propriedades físicas e químicas de um polímero.

2.5.1. Monómeros e unidades de repetição

A identidade das unidades repetidas (resíduos de monómeros, também conhecidos como "mers") que compõem um polímero é o seu primeiro e mais importante atributo. A nomenclatura dos polímeros baseia-se geralmente no tipo de resíduos de monómeros que compõem o polímero. Um polímero que contém apenas um único tipo de unidade de repetição é conhecido como homopolímero, enquanto um polímero que contém dois ou mais tipos de unidades de repetição é conhecido como copolímero [22]. Um ter-polímero é um copolímero que contém três tipos de unidades de repetição [23].

O poliestireno é composto apenas por unidades repetidas à base de estireno e é classificado como um homopolímero. O politereftalato de etileno, apesar de ser produzido a partir de dois monómeros diferentes (etilenoglicol e ácido tereftálico), é normalmente considerado um homopolímero, uma vez que apenas se forma um tipo de unidade repetida.

Um polímero que contém subunidades ionizáveis (por exemplo, grupos carboxílicos pendentes) é conhecido como um polielectrólito ou ionómero, quando a fração de unidades ionizáveis é grande ou pequena, respetivamente.

2.6. Microestrutura

A microestrutura de um polímero (por vezes designada por configuração) está relacionada com a disposição física dos resíduos de monómeros ao longo da espinha dorsal da cadeia [24]. Estes são os elementos da estrutura do polímero que requerem a quebra de uma ligação covalente para serem alterados. Podem ser produzidas várias estruturas poliméricas, dependendo dos monómeros e das condições de reação: Um polímero pode consistir em macromoléculas lineares contendo cada uma apenas uma cadeia não ramificada. No caso do polietileno não ramificado, esta cadeia é um n-alcano de cadeia longa.

As ligações cruzadas e as ramificações são mostradas como pontos vermelhos nas figuras. Os polímeros altamente ramificados são amorfos e as moléculas no sólido interagem de forma aleatória.

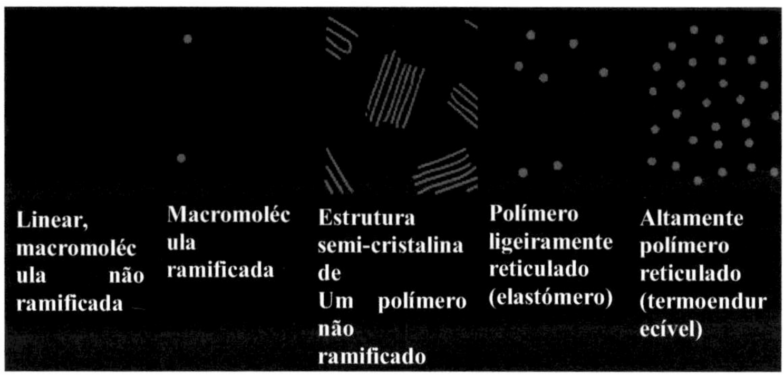

2.7. Arquitetura dos polímeros

Uma caraterística microestrutural importante de um polímero é a sua arquitetura e forma, que está relacionada com a forma como os pontos de ramificação conduzem a um desvio de uma cadeia linear simples [25]. Uma molécula de polímero ramificado é composta por uma cadeia principal com uma ou mais cadeias laterais substituintes ou ramificações.

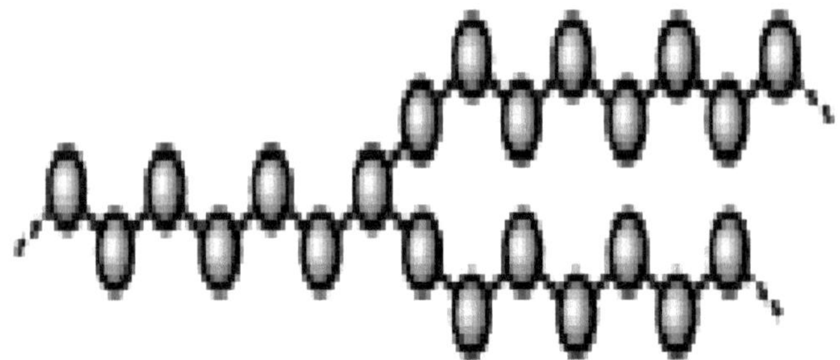

Ponto de ramificação num polímero.

Os tipos de polímeros ramificados incluem polímeros em estrela, polímeros em pente, escovas de polímero, polímeros dendronizados, polímeros em escada e dendrímeros [25]. Existem também polímeros bidimensionais (2DP) que são compostos por unidades repetidas topologicamente planas. A arquitetura de um polímero afecta muitas das suas propriedades físicas, incluindo a viscosidade da solução, a viscosidade da fusão, a solubilidade em vários solventes, a temperatura de transição vítrea e o tamanho das bobinas individuais do polímero em solução.

2.7.1. Comprimento da corrente

Um meio comum de expressar o comprimento de uma cadeia é o grau de polimerização, que quantifica o número de monómeros incorporados na cadeia [26, 27]. Tal como acontece com outras moléculas, o tamanho de um polímero também pode ser expresso em termos de peso molecular. Uma vez que as técnicas de polimerização sintética produzem normalmente uma distribuição estatística dos comprimentos das cadeias, o peso molecular é expresso em termos de médias ponderadas. O peso molecular médio numérico (Mn) e o peso molecular médio ponderal (Mw) são os mais comuns [28, 29]. O rácio destes dois valores (Mw / Mn) é a dispersão (Đ), que é normalmente utilizada para expressar a largura da distribuição do peso molecular [30].

As propriedades físicas [31] do polímero dependem fortemente do comprimento (ou equivalentemente, do peso molecular) da cadeia do polímero [32]. Um exemplo importante das consequências físicas do peso molecular é o escalonamento da viscosidade (resistência ao fluxo) na fusão [33]. A influência do peso molecular médio sobre a viscosidade de fusão depende do facto de o polímero se encontrar acima ou abaixo do início dos emaranhamentos. Abaixo do molecular do emaranhamentoη Mw1, enquanto acima do molecular do emaranhamentoη. Neste último caso, um aumento de 10 vezes no comprimento da cadeia do polímero aumentaria a viscosidade mais de 1000 vezes [34]. Além disso, o aumento do comprimento da cadeia tende a diminuir a mobilidade da cadeia , a aumentar a resistência e a tenacidade e a aumentar a temperatura de transição vítrea (Tg) [35]. Isto resulta do aumento das interações entre cadeias, como as atracções de van der Waals e os emaranhados que surgem com o aumento do comprimento da cadeia [36, 37]

2.7.2. Disposição dos monómeros em copolímeros

Os copolímeros são classificados como copolímeros estatísticos, copolímeros alternados, copolímeros de bloco, copolímeros de enxerto ou copolímeros de gradiente. Na figura esquemática abaixo,Ⓐ eⒷ simbolizam as duas unidades de repetição.

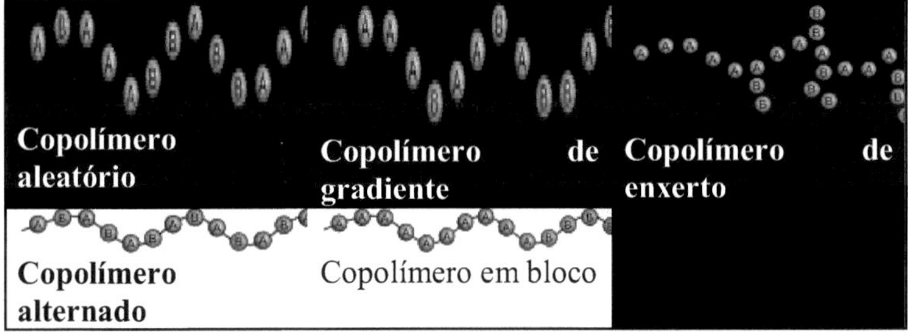

- Os copolímeros alternados possuem dois resíduos de monómeros regularmente alternados [38]: (AB) n. Um exemplo é o copolímero equimolar de estireno e anidrido maleico formado por polimerização de crescimento de cadeia por radiação livre [39]. Um copolímero de crescimento por etapas, como o Nylon 66, também pode ser considerado um copolímero estritamente alternado de resíduos de diamina e diácido, mas é frequentemente descrito como um homopolímero com o resíduo dimérico de uma amina e um ácido como unidade de repetição [40].
- Os copolímeros periódicos têm mais de duas espécies de unidades monoméricas numa sequência regular [41].
- Os copolímeros estatísticos têm resíduos de monómeros dispostos de acordo com uma regra estatística. Um copolímero estatístico em que a probabilidade de encontrar um determinado tipo de resíduo de monómero num determinado ponto da cadeia é independente dos tipos de resíduos de monómero circundantes pode ser referido como um copolímero verdadeiramente aleatório [42, 43]. Por exemplo, o copolímero de crescimento da cadeia do cloreto do vinilo e acetato de vinilo é aleatório [39].

- Os copolímeros em bloco têm longas sequências de diferentes unidades monoméricas. Os polímeros com dois ou três blocos de duas espécies químicas distintas (por exemplo, A e B) são designados copolímeros di-bloco e copolímeros tri-bloco, respetivamente. Os polímeros com três blocos, cada um de uma espécie química diferente (por exemplo, A, B e C) são designados por ter-polímeros tri-bloco [40].
- Os copolímeros de enxerto ou enxertados contêm cadeias laterais ou ramificações cujas unidades repetidas têm uma composição ou configuração diferente da cadeia principal [44].

2.7.3. Morfologia

A morfologia dos polímeros descreve geralmente a disposição e a ordenação à micro-escala das cadeias de polímeros no espaço. As propriedades físicas macroscópicas de um polímero estão relacionadas com as interações entre as cadeias poliméricas.

Polímero de orientação aleatória   Interligação de vários polímeros

- Polímeros desordenados: No estado sólido, os polímeros atácticos, os polímeros com um elevado grau de ramificação e os copolímeros aleatórios formam estruturas amorfas (ou seja, estruturas vítreas) [45]. Em fusão e em solução, os polímeros tendem a formar um "aglomerado estatístico" em constante mudança, ver modelo de cadeia livremente articulada. No estado sólido, as respectivas conformações das moléculas estão congeladas

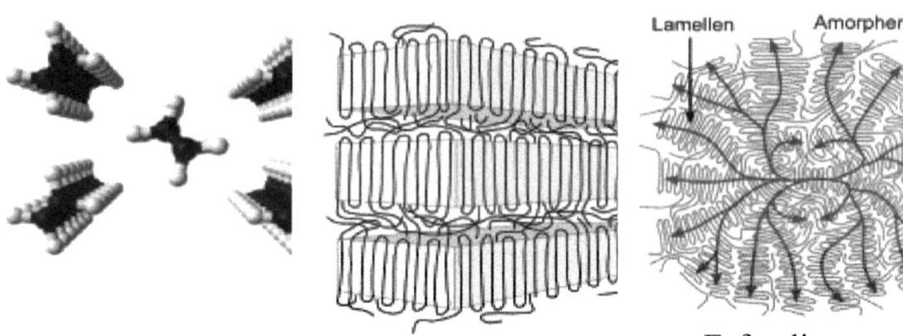

<table>
<tr><td>conformação em ziguezague de moléculas em cadeias muito compactadas</td><td>Lamela com moléculas de ligação</td><td>Esferulite</td></tr>
</table>

g

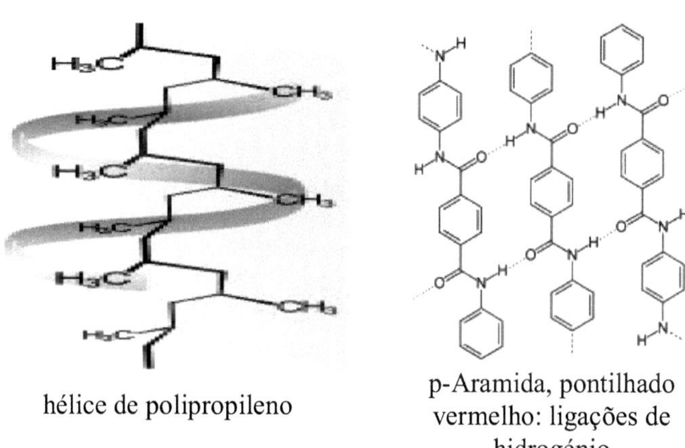

<table>
<tr><td>hélice de polipropileno</td><td>p-Aramida, pontilhado vermelho: ligações de hidrogénio</td></tr>
</table>

- Os polímeros lineares com estrutura periódica, baixa ramificação e estereoregularidade (por exemplo, não atácticos) têm uma estrutura semi-cristalina no estado sólido [45]. Nos polímeros simples (como o polietileno), as cadeias estão presentes no cristal em conformação ziguezague. Várias conformações em ziguezague formam pacotes densos de cadeias, chamados cristalitos ou lamelas. As lamelas são muito mais finas do que o comprimento dos polímeros (frequentemente cerca de 10 nm) [46]. São formadas pela dobragem mais ou menos regular de uma ou mais cadeias moleculares. Existem estruturas amorfas entre as lamelas. As moléculas individuais podem levar a emaranhados entre as lamelas e podem também estar envolvidas na formação de duas (ou mais) lamelas (cadeias que são chamadas moléculas de ligação).

- Polímeros reticulados: Os polímeros reticulados de malha larga são

e não podem ser fundidos (ao contrário dos termoplásticos); o aquecimento dos polímeros reticulados apenas conduz à sua decomposição.

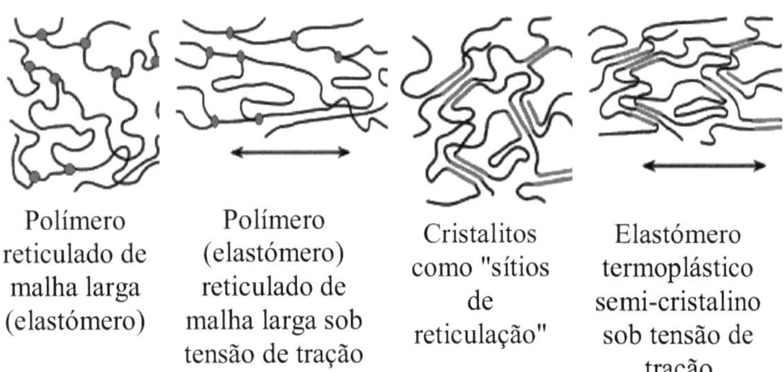

2.8. Cristalinidade

Quando aplicado a polímeros, o termo cristalino tem uma utilização algo ambígua. Nalguns casos, o termo cristalino tem uma utilização idêntica à utilizada na cristalografia convencional. Um polímero sintético pode ser vagamente descrito como cristalino se contiver regiões de ordenação tridimensional em escalas de comprimento atómico, geralmente resultantes de dobragem intramolecular ou empilhamento de cadeias adjacentes. Os polímeros sintéticos podem ser constituídos por regiões cristalinas e amorfas; o grau de cristalinidade pode ser expresso em termos de uma fração de peso ou de uma fração de volume de material cristalino. Poucos polímeros sintéticos são inteiramente cristalinos [47]. A cristalinidade dos polímeros é caracterizada pelo seu grau de cristalinidade, que varia de zero para um polímero completamente não cristalino a um para um polímero teórico completamente cristalino. Os polímeros com regiões microcristalinas são geralmente mais duros (podem ser dobrados mais vezes sem quebrar) e mais resistentes ao impacto do que os polímeros totalmente amorfos [48]

2.9. mecânicas

As propriedades a granel de um polímero são as que mais frequentemente interessam à utilização final. Estas são as propriedades que ditam a forma como o polímero se comporta efetivamente a uma escala macroscópica.

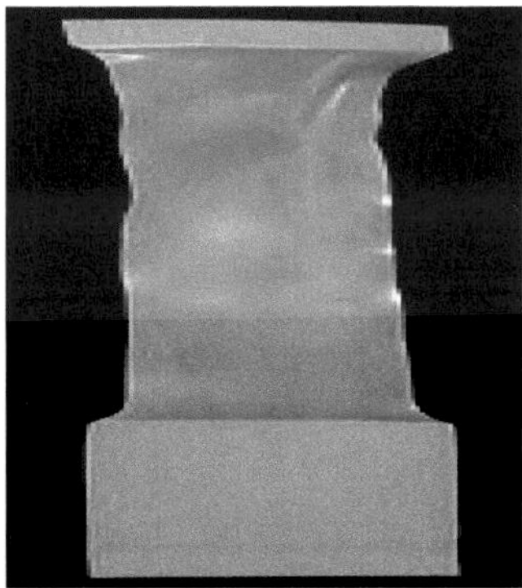

Uma amostra de polietileno que se estreitou sob tensão.

2.9.1. Resistência à tração

A resistência à tração de um material quantifica a quantidade de tensão de alongamento que o material suporta antes de falhar [50, 51]. Isto é muito importante em aplicações que dependem da resistência física de um polímero ou da durabilidade . Por exemplo, um elástico com uma maior resistência à tração aguentará um maior peso antes de se partir. Em geral, a resistência à tração aumenta com o comprimento da cadeia do polímero e com as ligações cruzadas.

2.9.2. Módulo de elasticidade de Young

O módulo de Young quantifica a elasticidade do polímero. É definido, para pequenas deformações, como a relação entre a taxa de variação da tensão e a deformação. Tal como a resistência à tração, é altamente relevante em aplicações de polímeros que envolvam as propriedades físicas dos polímeros, tais como bandas de borracha. O módulo é fortemente dependente da temperatura. A visco-elasticidade descreve uma resposta elástica complexa dependente do tempo, que apresentará histerese na curva tensão-deformação quando a carga for removida.

2.9.3. Propriedades de transporte

As propriedades de transporte, como a difusividade, descrevem a rapidez com que as moléculas se movem através da matriz polimérica. Estas são muito importantes em muitas aplicações de polímeros para películas e membranas.

O movimento de macromoléculas individuais ocorre por um processo chamado reptação, no qual cada molécula da cadeia é constrangida por emaranhados com cadeias vizinhas para se mover dentro de um tubo virtual [52].

2.9.4. Comportamento de fase
2.9.4.1. Cristalização e fusão

Dependendo das suas estruturas químicas, os polímeros podem ser semi-cristalinos ou amorfos. Os polímeros semi-cristalinos podem sofrer transições de cristalização e fusão, enquanto os polímeros amorfos não. Nos polímeros, a cristalização e a fusão não sugerem transições de fase sólido-líquido, como no caso da água ou de outros fluidos moleculares. Em vez disso, a cristalização e a fusão referem-se às transições de fase entre dois estados sólidos (ou seja, semi-cristalino e amorfo). A cristalização ocorre acima da temperatura de transição vítrea (Tg) e abaixo da temperatura de fusão (Tm).

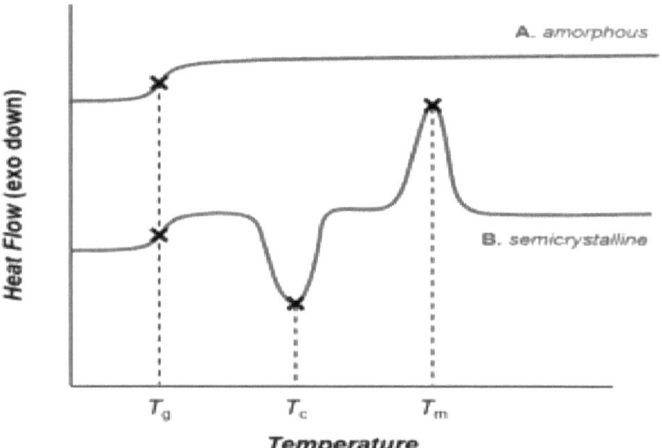

Transições térmicas em polímeros (A) amorfos e (B) semicristalinos, representadas como traços de calorimetria diferencial de varrimento. À medida que a temperatura aumenta, tanto os polímeros amorfos como os semicristalinos passam pela transição vítrea (Tg). Os polímeros amorfos (A) não não apresentam outras transições de fase, embora os polímeros semicristalinos (B) sofram cristalização e fusão (a temperaturas Tc e Tm, respetivamente).

2.9.4.2. Transição de vidro

Todos os polímeros (amorfos ou semi-cristalinos) passam por transições vítreas. A temperatura de transição vítrea (Tg) é um parâmetro físico crucial para o fabrico, processamento e utilização de polímeros. Abaixo da Tg, os movimentos moleculares são congelados e os polímeros são frágeis e vítreos. Acima da Tg, os movimentos moleculares são activados e os polímeros são elásticos e viscosos. A temperatura de transição vítrea pode ser modificada alterando o grau de ramificação ou de reticulação no polímero ou através da adição de plastificantes [53].

Enquanto a cristalização e a fusão são transições de fase de primeira ordem, a transição vítrea não o é [54]

2.9.4.3. Comportamento de mistura

Em geral, as misturas poliméricas são muito menos miscíveis do que as misturas de materiais de pequenas moléculas. Este efeito resulta do facto de a força motriz da mistura ser normalmente a entropia e não a energia de interação. Por outras palavras, os materiais miscíveis formam geralmente uma solução não porque a sua interação entre si seja mais favorável do que a sua auto-interação, mas devido a um aumento da entropia e, consequentemente, da energia livre associada ao aumento do volume disponível para cada componente.

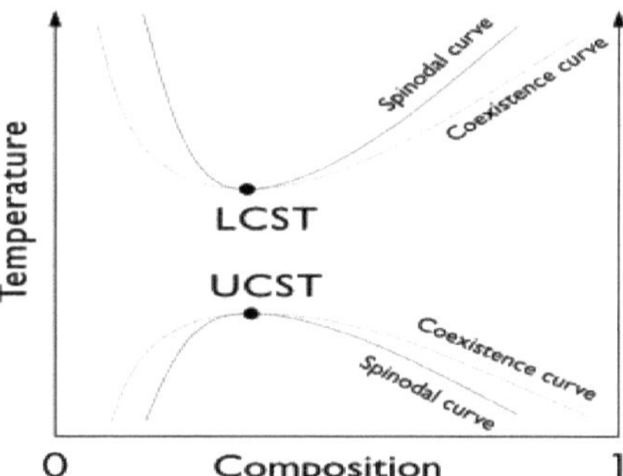

Diagrama de fases do comportamento típico de mistura de soluções de polímeros com interação fraca, mostrando curvas espinodais e curvas de coexistência binodais

Além disso, o comportamento de fase das soluções e misturas de polímeros é mais complexo do que o das misturas de pequenas moléculas. Enquanto a maioria das soluções de pequenas moléculas apresenta apenas uma transição de fase de temperatura crítica superior da solução (UCST), na qual a separação de fases ocorre com o arrefecimento, as misturas de polímeros apresentam normalmente uma transição de fase de temperatura crítica inferior da solução (LCST), na qual a separação de fases ocorre com o aquecimento.

2.9.4.4. Inclusão de plastificantes

A inclusão de plastificantes tende a diminuir a Tg e a aumentar a flexibilidade do polímero. A adição do plastificante também modificará a dependência da temperatura de transição vítrea Tg da taxa de arrefecimento [55]. A mobilidade da cadeia pode ser ainda mais alterada se as moléculas do plastificante derem origem à formação de ligações de hidrogénio. Os plastificantes são geralmente pequenas moléculas quimicamente semelhantes ao polímero e criam espaços entre as cadeias do polímero para uma maior mobilidade e menos interações entre cadeias.

2.10. Propriedades químicas

As forças de atração entre as cadeias de polímeros desempenham um papel importante na determinação das propriedades do polímero. Como as cadeias de polímeros são muito longas, têm muitas interações inter-cadeias por molécula, o que amplifica o efeito destas interações nas propriedades do polímero em comparação com as atracções entre moléculas convencionais. Diferentes grupos laterais no polímero podem permitir a ligação iónica ou a ligação de hidrogénio entre as suas próprias cadeias. Estas forças mais fortes resultam normalmente numa maior resistência à tração e em pontos de fusão cristalinos mais elevados.

As forças intermoleculares nos polímeros podem ser afectadas por dipolos nas unidades mono-méricas. Os polímeros que contêm grupos amida ou carbonilo podem formar ligações de hidrogénio entre cadeias adjacentes; os átomos de hidrogénio parcialmente carregados positivamente nos grupos N-H de uma cadeia são fortemente atraídos pelos átomos de oxigénio parcialmente carregados negativamente nos grupos C=O de outra cadeia. Estas fortes ligações de hidrogénio, por exemplo, resultam na elevada resistência à tração e no ponto de fusão dos polímeros que contêm ligações de uretano ou ureia.

2.11. Propriedades ópticas

Polímeros como o PMMA e o HEMA: MMA são utilizados como matrizes no meio de ganho dos lasers de corante de estado sólido, também conhecidos como lasers de polímero dopado com corante de estado sólido. Estes polímeros têm uma elevada qualidade de superfície e são também altamente transparentes, pelo que as propriedades laser são dominadas pelo corante laser utilizado para dopar a matriz polimérica. Este tipo de lasers, que também pertence à classe dos lasers orgânicos, é conhecido por produzir larguras de linha muito estreitas, o que é útil para aplicações analíticas e de espetroscopia [56]. Um parâmetro ótico importante no polímero utilizado em aplicações laser é a alteração do índice de refração com a temperatura, também conhecida por dn/dT. Para os polímeros aqui mencionados, o $(dn/dT) \sim -1,4 \times 10-4$ em unidades de K-1 no intervalo $297 \leq T \leq 337$ K [57].

2.12. Propriedades eléctricas

A maioria dos polímeros convencionais, como o polietileno, são isoladores eléctricos, mas o desenvolvimento de polímeros com ligações π-conjugadas conduziu a uma grande variedade de semicondutores à base de polímeros, como os poli-tiofenos. Isto conduziu a muitas aplicações no domínio da eletrónica orgânica.

2.13. Aplicações

Atualmente, os polímeros sintéticos são utilizados em quase todos os sectores da vida. A sociedade moderna seria muito diferente sem eles. A disseminação da utilização de polímeros está relacionada com as suas propriedades únicas:
- baixa densidade, l
- ow custo,
- boas propriedades de isolamento térmico/elétrico,
- elevada resistência à corrosão,
- fabrico de polímeros com baixo consumo de energia e fácil transformação em produtos finais.

Para uma determinada aplicação, as propriedades de um polímero podem ser ajustadas ou melhoradas através da combinação com outros materiais, como nos compósitos. A sua aplicação permite poupar energia (automóveis e aviões mais leves, edifícios com isolamento térmico), proteger os alimentos e a água potável (embalagens), poupar terra e reduzir a utilização de fertilizantes (fibras sintéticas), preservar outros materiais (revestimentos), proteger e salvar vidas (higiene, aplicações médicas). Segue-se uma lista representativa e não exaustiva de aplicações.

- Vestuário, artigos de desporto e acessórios: vestuário PVCem poliéster e , spandex,
  calçado desportivo, fatos de mergulho, bolasde bilhar de futebol e , raquetes de esqui, para-quedas, velas, tendas e abrigos.
- Tecnologias electrónicas e fotónicas: transístores de efeito de campoorgânicos , díodos emissores de luz e células solares,

componentes de televisão, discos compactos, foto-resistências, holografia.
- Embalagens e contentores: películas, garrafas, embalagens alimentares, barris.
- Isolamento: isolamento térmicoelétrico e , espumas em spray.
- Aplicações de construção e estruturais: mobiliário de jardim, janelas de PVC, pavimentos, vedações, tubos.
- Tintas, colas e lubrificantes: vernizes, adesivos, dispersantes, revestimentos anti-graffiti, revestimentos anti-incrustantes, superfícies anti-aderentes, lubrificantes.
- Peças para automóveis: pneus, para-choques, para-brisas, limpa para-brisas, depósitos de combustível, bancos de automóveis.
- Objectos de uso doméstico: baldes, utensílios de cozinha, brinquedos (por exemplo, conjuntos de construção e
  cubo de Rubik).
- Aplicações médicas: saco de sangue, seringas, luvas de borracha, sutura cirúrgica,
  lentes de contacto, próteses, libertação e administração controlada de medicamentos, matrizes para o crescimento celular.
- Higiene pessoal e cuidados de saúde: fraldas com polímeros superabsorventes,
  escovas de dentes, cosméticos, champô, preservativos.
- Segurança: equipamento de proteção individual, coletes à prova de bala, fatos espaciais, cordas.
- Tecnologias de separação: membranas sintéticas, membranas de células de combustível,
  filtração, resinas de permuta iónica.
- Dinheiro: notas de polímero e cartões de pagamento.
- Impressão 3D.

2.14. Nomenclatura normalizada

Existem várias convenções para a designação de substâncias poliméricas. Muitos polímeros de uso comum, como os encontrados em produtos de consumo, são designados por um nome comum ou trivial. O nome trivial é atribuído com base num precedente histórico ou na utilização popular, em vez de uma convenção de designação normalizada. Tanto a American Chemical Society (ACS)[58] como a IUPAC[59] propuseram convenções de designação normalizadas; as convenções da ACS e da IUPAC são semelhantes mas não idênticas [60-63]

Em ambas as convenções normalizadas, os nomes dos polímeros destinam-se a refletir o(s) monómero(s) a partir do(s) qual(is) são sintetizados (nomenclatura baseada na fonte) e não a natureza precisa da subunidade repetitiva. Por exemplo, o polímero sintetizado a partir do alceno simples eteno é designado por polieteno, mantendo o sufixo -eno, apesar de a ligação dupla ser removida durante o processo de polimerização.

2.15. Caracterização

A caraterização de polímeros abrange muitas técnicas para determinar a composição química, a distribuição do peso molecular e as propriedades físicas. As técnicas comuns selecionadas incluem as seguintes:

- Cromatografia de exclusão de tamanhos (denominada cromatografia de permeação em gel),
- Por vezes, associada à dispersão estática da luz, pode ser utilizada para determinar o peso molecular médio numérico, o peso molecular médio ponderal e a dispersão.
- As técnicas de dispersão, como a dispersão de luz estática e a dispersão de neutrões a baixo ângulo, são utilizadas para determinar as dimensões (raio de giração) das macromoléculas em solução ou na fusão.
- A dispersão de raios X a grande ângulo (também designada por difração de raios X a grande ângulo) é utilizada para determinar a estrutura cristalina dos polímeros (ou a falta dela).
- As técnicas de espetroscopia, incluindo a espetroscopia de infravermelhos com transformada de Fourier, a espetroscopia Raman e a espetroscopia de ressonância magnética nuclear, podem ser utilizadas para determinar a composição química.
- A calorimetria de varrimento diferencial é utilizada para caraterizar as propriedades térmicas dos polímeros, tais como a temperatura de transição vítrea, a temperatura de cristalização e a temperatura de fusão.
- A termogravimetria é uma técnica útil para avaliar a estabilidade térmica do polímero.
- A reologia é utilizada para caraterizar o comportamento de fluxo e deformação. Pode ser utilizada para determinar a viscosidade, o módulo e outras propriedades reológicas.

2.16. Referências

[1].   Roiter, Y.; Minko, S. (2005). "Experiências de molécula única de AFM no
    Interface sólido-líquido: Conformação in situ de materiais flexíveis adsorvidos
    Cadeias de polielectrólitos". Jornal da American Chemical Sociedade. 127 (45): 15688-15689.

[2].   IUPAC, Compêndio de Terminologia Química, 2ª ed. ("Livro de Ouro")
(1997). Versão corrigida em linha: (2006-) "polymer".
[3].   IUPAC, Compêndio de Terminologia Química, 2ª ed. ("Livro de Ouro")
(1997). Versão corrigida em linha:(2006)
macromolécula (molécula de polímero)"
[4].   "Polímero - Definição de polímero". O Dicionário Livre. Recuperado em 23
julho de 2013.
[5].   "Definir polímero". Referência de dicionário. Recuperado em 23 de julho de 2013.
[6].   "Polímero na Britannica". 25 de dezembro de 2023.
[7].   Painter, Paul C.; Coleman, Michael M. (1997). Fundamentos de polímeros
ciência: um texto introdutório. Lancaster, Pa.: Technomic Pub. Co. p. 1.
[8].   McCrum, N. G.; Buckley, C. P.; Bucknall, C. B. (1997). Princípios de
engenharia de polímeros. Oxford; Nova Iorque: Oxford University Press. p. 1
[9].   substâncias "poliméricas"). Publicado em 1832 em sueco como: Jöns Jacob.
Berzelius (1832)
[10].   Jensen, B. (2008). "Pergunte ao Historiador: A origem do conceito de polímero".
Journal of Chemical Education. 85 (5): 624-625. Arquivado em 18 de junho de 2018.
Recuperado em 4 de março de 2013.
[11].   Staudinger, H (1920). "Über Polymerisation" [Sobre a polimerização]. Boletim
der Deutschen Chemischen Gesellschaft (em alemão). 53 (6): 1073-1085.
[12].   Allcock, Harry R.; et al. (2003). Contemporary Polymer Chemistry (3 ed.).
Pearson Education. p. 21. ISBN 978-0-13-065056-6.
[13].   McGeoch, J.E.M.; McGeoch, M.W. (2015).
"Amida polimérica nos meteoritos de Allende e Murchison".
Meteorítica e Ciência Planetária. 50 (12): 1971-1983
[14].   McGeogh, Julie E. M.; McGeogh, Malcolm W. (28 de setembro de 2022).
"Absorção quiral a 480nm no polímero espacial hemoglicina: replicação".

Relatórios Científicos. 12 (1): 16198.

[15]. Equipa (2021). "Polímeros em meteoritos fornecem pistas para o início do sistema solar".
Science Digest. Recuperado em 9 de janeiro de 2023.

[16]. "Produção Mundial de Plásticos" (PDF).

[17]. Sperling, L. H. (Leslie Howard) (2006). Introdução à física dos polímeros
ciência. Hoboken, N.J.: Wiley. p. 10. ISBN 978-0-471-70606-9.

[18]. Sperling, p. 11

[19]. Sperling, p. 15

[20]. Sperling, p. 29

[21]. Bower, David I. (2002). Uma introdução à física dos polímeros. Cambridge
University Press. ISBN 9780511801280.

[22]. Rudin, p. 17

[23]. Cowie, p. 4

[24]. Sperling, p. 30

[25]. Rubinstein, Michael; Colby, Ralph H. (2003). Polymer physics. Oxford;
Nova Iorque: Oxford University Press. p. 6. ISBN 978-0-19-852059-7.

[26]. McCrum, p. 30

[27]. Rubinstein, p. 3

[28]. McCrum, p. 33

[29]. Rubinstein, pp. 23-24

[30]. Pintor, p. 22

[31]. De Gennes, Pierre Gilles (1979). Conceitos de escala em física de polímeros.
Ithaca, N.Y.: Cornell University Press. ISBN 978-0-8014-1203-5.

[32]. Rubinstein, p. 5

[33]. McCrum, p. 37

[34]. Introdução à Ciência e Química dos Polímeros: Uma solução de problemas
Abordagem Por Manas Chanda.

[35]. O'Driscoll, K.; Amin Sanayei, R. (julho de 1991). "Dependência do comprimento da cadeia de
a temperatura de transição vítrea". Macromolecules. 24 (15): 4479-4480.

[36]. Pokrovskii, V. N. (2010). A Teoria Mesoscópica da Dinâmica de Polímeros.
Springer Series in Chemical Physics. Vol. 95.

[37]. Edwards, S. F. (1967). "A mecânica estatística do material polimerizado".

Actas da Sociedade de Física. 92 (1): 9-16.
[38]. Pintor, p. 14
[39]. Rudin, p. 18-20
[40]. Cowie, p. 104
[41]. "Copolímero periódico". Compêndio IUPAC de Terminologia Química, 2.
ed. (o "Livro de Ouro"). União Internacional de Química Pura e Aplicada.
2014. Recuperado em 9 de abril de 2020.
[42]. Pintor, p. 15
[43]. Sperling, p. 47
[44]. Lutz, Jean-François; et al. (2013). "Polímeros controlados por sequência".
Ciência. 341 (6146): 1238149
[45]. Bernd Tieke: Makromolekulare Chemie. 3. Auflage, Wiley-VCH, Weinheim 2014, S. 295f.
[46]. Wolfgang Kaiser: Kunststoffchemie für Ingenieure. 3. Auflage, Carl Hanser,
München 2011, S. 84.
[47]. Sayed, Abu (agosto de 2014).
"Tipos de polímeros: Requisitos do polímero formador de fibras". Têxtil Apex.
[48]. Allcock, Harry R.; Lampe, Frederick W.; Mark, James E. (2003).
Contemporary Polymer Chemistry (3 ed.). Pearson Education. p. 546.
[49]. Rubinstein, p. 13
[50]. Ashby, Michael; Jones, David (1996). Materiais de Engenharia (2 ed.).
Butterworth-Heinermann. pp. 191-195. ISBN 978-0-7506-2766-5.
[51]. Meyers, M. A.; Chawla, K. K. (1999). Mechanical Behavior of Materials.
Cambridge University Press. p. 41. ISBN 978-0-521-86675-0. Arquivado em 2
novembro de 2013. Recuperado em 31 de dezembro de 2018.
[52]. Fried, Joel R. (2003). Ciência e Tecnologia de Polímeros (2ª ed.).
Hall. pp. 155-6. ISBN 0-13-018168-4.
[53]. Brandrup, J.; Immergut, E.H.; Grulke, E.A. (1999). Polímero
Handbook (4 ed.). Wiley-Interscience. ISBN 978-0-471-47936-9.
[54]. Meille, S.; Allegra, G.; Geil, P.; et al. (2011).
"Definições de termos relativos a cristalino (Recomendações IUPAR 2011)".
Química Pura e Aplicada. 83 (10): 1831-1871. Recuperado em 31 de dezembro de 2018.

[55].   Capponi, S.; Alvarez, F.; Racko, D. (2020), "Free Volume in a PVME
       Polymer-Water Solution", Macromolecules
[56].   Duarte, F. J. (1999). "Oscilador laser de corante de estado sólido com grelha de prismas múltiplos:
       arquitetura optimizada". Ótica Aplicada. 38 (30): 6347-6349.
[57].   Duarte, F. J. (2003). Tunable Laser Optics. New York: Elsevier Academic.
       ISBN 978-0122226960.
[58].   CAS: Guia de Índices, Apêndice IV ((c) 1998)
[59].   IUPAC (1976).
       "Nomenclatura de Polímeros Orgânicos Regulares de Fio Único". Pure Appl.
       Chem. 48 (3): 373-385.
[60].   Wilks, E.S. "Nota de Nomenclatura Macromolecular nº 18". Arquivado em 25
       setembro de 2003.
[61].   Hiorns, R. C.; et al. (2012).
       "Um breve guia para a nomenclatura de polímeros (Relatório Técnico IUPAC)".
       Química Pura e Aplicada. 84 (10): 2167-2169.
[62].   He, Jiasong; et al. (2014).
       "Abreviaturas de nomes de polímeros (Recomendações IUPAC 2014)".
       Química Pura e Aplicada. 86 (6): 1003-1015.
[63].   "ISO 1043-1:2011". ISO. Recuperado em 21 de setembro de 2024.
[64].   Iakovlev, V.; Guelcher, S.; Bendavid, R. (28 de agosto de 2015). "Degradação de
       polipropileno in vivo: uma análise microscópica de malhas explantadas de
       pacientes". Journal of Biomedical Materials Research Part B: Applied
       Biomateriais. 105 (2): 237-248.

Capítulo (3)
Propriedades dos compósitos poliméricos utilizados em aplicações de alta tensão

3.1. Prefácio

Nas últimas duas décadas, a conceção de materiais compósitos constituídos por partículas inorgânicas micro ou nano-escalonadas tem merecido uma atenção crescente no domínio da energia e da engenharia de alta tensão [1-8]. Em particular, a utilização de micro e nanotecnologias oferece novas abordagens para melhorar os sistemas de isolamento que funcionam a temperaturas e tensões eléctricas mais elevadas. Juntamente com o desempenho dos materiais, a investigação fundamental e o desenvolvimento de materiais "avançados" no domínio dos compósitos à base de polímeros também procuram rotas de fabrico eficientes em termos energéticos e de baixo custo, a fim de transformar novos conceitos de materiais em produtos comercializáveis [1].

Os materiais compósitos são normalmente constituídos por dois ou mais componentes com propriedades físicas e/ou químicas significativamente diferentes. Devido à combinação controlada dos componentes, obtêm-se novos materiais com propriedades distintas das dos componentes individuais [2]. Se pelo menos um dos componentes tiver dimensões nanométricas, estes materiais são designados nano-compósitos [3]. Em [3], um nano-compósito é definido como "um material sólido multifásico em que uma das fases tem uma, duas ou três dimensões inferiores a 100 nanómetros, ou estruturas com distâncias repetidas entre as diferentes fases à escala nanométrica que formam o material". Os nanocompósitos diferem dos compósitos tradicionais em três aspectos principais [4]:

- contêm uma pequena quantidade de material de enchimento (geralmente menos de 10 % em peso vs. mais de
do que 50 wt % para os compósitos);
- o tamanho do material de enchimento é da ordem dos nanómetros (10-9 m vs. 10-6 m para os compósitos) e
- têm uma área de superfície específica tremendamente grande em comparação com os compósitos de dimensão micro.

Assim, os nanocompósitos caracterizam-se por vantagens distintas, incluindo a estrutura homogénea, a ausência de rutura das fibras, a transparência ótica e a capacidade de processamento melhorada ou inalterada. Dependendo do material da matriz, os nano-compósitos podem ser classificados em três categorias principais: nano-compósitos de matriz cerâmica, nano-compósitos de matriz metálica e nano-compósitos de matriz polimérica [5]. Os materiais compósitos são normalmente utilizados em vez dos materiais tradicionais devido ao seu melhor desempenho, que envolve elevada resistência, tenacidade, resistência ao calor, leveza, impermeabilidade aos gases, resistência térmica e estabilidade na presença de produtos químicos agressivos, água e hidrocarbonetos, elevada resistência à fadiga e à degradação por corrosão, capacidade de reciclagem e menor fuga de pequenas moléculas, como estabilizadores, etc. [4]. [4]. Na indústria da energia, as cargas inorgânicas (particularmente nitreto de alumínio (AlN), nitreto de boro (BN), dióxido de silício ou sílica (SiO2), óxido de alumínio ou alumina (Al2O3), óxido de titânio ou titânia (TiO2), carboneto de silício (SiC) e óxido de zinco (ZnO), etc.) são normalmente incorporadas em polímeros isolantes eléctricos para obter propriedades eléctricas, mecânicas e térmicas específicas [1,6].

A presente parte destaca os estudos e resultados mais recentes relativos a materiais micro e nanocompósitos utilizados em aplicações de alta tensão e possíveis trabalhos futuros sobre estes materiais, uma vez que as vantagens distintivas dos materiais compósitos (nano) à base de polímeros (ou seja, desempenho a altas temperaturas, dieléctricos melhorados, propriedades estruturais e facilidade de conceção) oferecem conceitos promissores para a próxima geração de grandes motores, geradores, transformadores e outros dispositivos eléctricos, tais como formas de bobinas, revestimentos de ranhuras e componentes multifuncionais [7] (Figura).

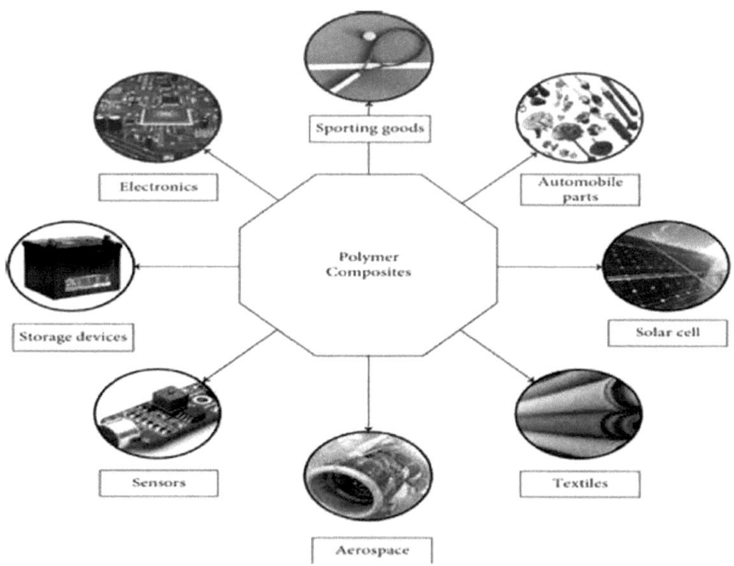

A próxima geração de aplicações de alta tensão que utilizam nano-compósitos à base de polímeros.

3.2. Nanocompósitos em engenharia eléctrica

Em 1987, Ashley descreveu uma perspetiva sobre materiais avançados e a evolução dos materiais de engenharia (Figuras) [8]. É óbvio que a escala temporal não é linear e, em 2020, a estimativa da utilização de materiais está a aumentar continuamente e a taxa de mudança é muito mais rápida hoje do que em qualquer outro momento da história. O rápido ritmo de mudança oferece oportunidades que não podem ser ignoradas pelos cientistas, engenheiros e químicos dos materiais. Um exemplo importante é o facto de a eficiência dos motores aumentar a altas temperaturas de funcionamento, o que exige materiais estruturais resistentes a altas temperaturas. No entanto, os novos materiais para os sistemas de isolamento elétrico das máquinas rotativas não são apenas confrontados com temperaturas de funcionamento mais elevadas, mas também com um aumento das tensões eléctricas, ambientais e mecânicas. Outros exemplos são as centrais nucleares que exigem materiais avançados para o equipamento elétrico, resistentes a radiações de baixa e alta energia.

Na engenharia eléctrica, os primeiros sistemas de isolamento eram materiais compósitos baseados em fibras naturais de celulose, seda, linho, algodão, lã, amianto, areia, mica, quartzo, etc. e resinas naturais derivadas de arvores, plantas, insectos e depósitos de petróleo, incluindo breu, goma-laca, colofónia ou óleo de linhaça [9]. As cargas foram aplicadas como fios individuais para fios e em formas combinadas como em papéis não tecidos e tecidos. O facto de, nos primeiros anos da indústria eléctrica, a ênfase ser colocada nos materiais renováveis e na experimentação para encontrar sistemas que satisfizessem os critérios mínimos de conceção tem de ser tido em conta.

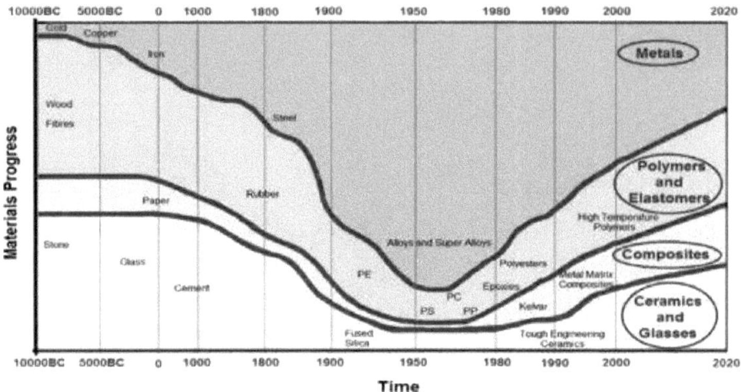

Evolução dos materiais de engenharia [8].

Durante a Primeira Guerra Mundial, os fragmentos de mica foram combinados com betume ou asfaltos, suportados em ambos os lados por um fino papel de celulose . O chamado papel Kraft era formado por fragmentos de mica moscovite ligados com goma-laca natural [9]. A mica é uma substância natural inorgânica cristalina que ocorre normalmente em rochas. Quimicamente, a mica é um silicato complexo de alumínio com vestígios de outros elementos. As variedades de mica mais utilizadas são a moscovite (K2O- 3Al2O3- 6SiO2-2H2O) e a flogopite (K2O-7MgO-Al2O3-6SiO2-3H2O) [10].

Inicialmente, a mica foi utilizada como material isolante, sob a forma de pequenos flocos e, mais tarde, para o fabrico de materiais compósitos à base de mica com resinas naturais (goma-laca, betume, etc.) e sintéticas (baquelite, epóxi, poliéster, etc.), utilizados nos sistemas de isolamento de máquinas eléctricas de média e alta potência. Atualmente, a mica é utilizada principalmente para o papel de mica e é composta por flocos extremamente pequenos de mica e produzida da mesma forma que o papel [11]. Os compósitos foram preparados usando um processo de vácuo, impregnação e pressurização, também chamado de processo VPI (impregnação por pressão a vácuo) e foram empregados no isolamento da parede de terra das bobinas do estator do gerador de turbina (**Figura**) [9, 13,14].

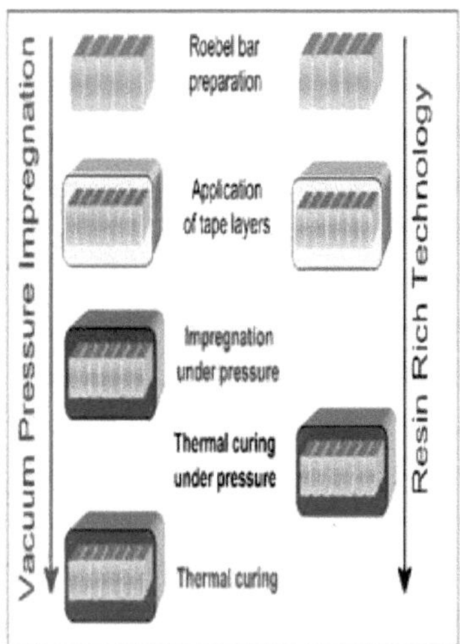

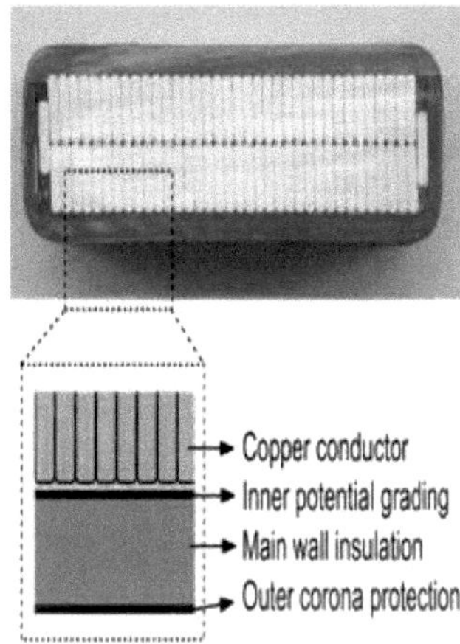

Processos de impregnação por vácuo e pressão e processos ricos em resina no fabrico de compósitos de isolamento de alta tensão de barras de estator de máquinas rotativas.

Os sistemas de isolamento de micafolium estavam a ser fabricados ao mesmo tempo que os sistemas de mica asfáltica e, no início, eram aplicados para o revestimento de folhas de bobinas de alta tensão e peças isolantes moldadas. Park [12] sintetizou compósitos de resina epóxi/mica e estimou a sua rutura eléctrica, com o objetivo de utilizar os materiais compósitos para o fabrico de sistemas de isolamento de máquinas de alta tensão. Em particular, foram aplicadas partículas de mica com dimensões de 5-7 µm e diferentes concentrações (20, 30 e 40 wt %). Para reduzir a viscosidade dos compósitos, foi utilizado um plastificante ou um epóxi alifático de baixo peso molecular [12]. A resistência à rutura eléctrica (medida com um sistema de eléctrodos esfera a esfera) aumentou com a adição de carga de mica, tendo sido atingido um valor ótimo para um teor de mica de 20% em peso [12]. A resistência à rutura eléctrica do sistema com um epóxi alifático foi superior à do sistema com um plastificante [12].

O início dos produtos sintéticos para isolamentos começou em 1908 com as resinas de fenol-formaldeído, que foram utilizadas em diferentes aplicações eléctricas. Entre as décadas de 1920 e 1940, outros produtos sintéticos foram introduzidos na indústria eletrotécnica, incluindo resinas alquídicas, anilina-formaldeído, policloreto de vinilo (PVC), ureia-formaldeído, acrílico, poliestireno (PS) e nylon e melamina-formaldeído, fibras de vidro, etc., o que levou a uma explosão de novas aplicações em isolamento elétrico [13, 14]. Durante as décadas de 1940 e 1950, a disponibilidade de numerosos tipos de polímeros e resinas sintéticas aumentou tremendamente. Os poliésteres e os polietilenos (PE) foram introduzidos em 1942, os fluorocarbonetos e os silicones em 1943, os epóxis em 1947 e o poliuretano (PUR), o polipropileno (PP) e o policarbonato (PC) na década de 1950 [9].

A indústria de compósitos começou a amadurecer na década de 1970, quando foram desenvolvidas resinas plásticas melhoradas e fibras de reforço (por exemplo, Kevlar [9]) e, desde então, tem estado numa evolução contínua. O primeiro sinal de "novos materiais" foi dado na década de 1990 pelo grupo de investigação da Toyota, que desenvolveu os primeiros nanocompósitos poliméricos à base de argila e nylon-6 com desempenhos térmicos e mecânicos melhorados, para coberturas de correias de distribuição [15].

Embora o conceito de "dieléctricos nanométricos" [16] ou simplesmente "nanodielectricos" [17] tenha sido introduzido pela primeira vez em 1994 por Lewis [16], não ficou claro de que modo o isolamento elétrico beneficiaria das potenciais alterações de propriedades devidas à inclusão de cargas nanométricas. Foram realizados numerosos estudos sobre fenómenos eléctricos em nano-dielectricos, as suas propriedades eléctricas e térmicas e o fabrico de diferentes dispositivos e sistemas com propriedades inovadoras obtidas devido às suas estruturas nanométricas [16,18]. Em 1988, Johnston e Markovitz [19] mostraram que se podiam obter algumas vantagens para os sistemas à base de mica utilizados para o isolamento da parede de terra dos geradores de enrolamento de forma. Em 1999, Henk et al. [20] efectuaram investigações semelhantes sobre nano-partículas de SiO2 que estão a melhorar a resistência à tensão do isolamento de polímeros quando estão dispersas em polímeros. Mesmo assim, a aplicação potencial dos nano-dielectricos na área da alta tensão e da engenharia de energia não atraiu muita atenção dos investigadores e engenheiros de materiais até ao trabalho experimental pioneiro de Nelson e Fothergill et al. [21,22].

A partir destes resultados experimentais, tem-se investido muito trabalho e investigação na preparação, avaliação e caraterização desta nova geração de materiais, denominados nano-dielectricos [23]. O interesse na investigação de materiais nano-dielectricos tem aumentado nos últimos 10 anos e diferentes grupos de trabalho foram formados em todo o mundo, como o CIGRE WG D1.24 que investigou o potencial dos nano-compósitos poliméricos como isolamento elétrico [24-26]. Os primeiros artigos de revisão sobre os resultados da nano-dieletricidade foram publicados em 2004 [18, 27]. Os estudos sugeriram que as propriedades únicas dos nanocompósitos poliméricos utilizados como dieléctricos em aplicações de alta tensão se devem às interfaces, que desempenham um papel fundamental na determinação do desempenho dielétrico. Além disso, várias publicações indicaram que a auto-montagem é um processo crucial na formulação de nano-compósitos [28,29].

As "interfaces" entre as cargas inorgânicas e os polímeros orgânicos (**Figura**), como os sistemas de resina epóxida, representam a chave para compreender os mecanismos e os fenómenos que controlam as propriedades dos nanocompósitos utilizados como dieléctricos avançados [1].

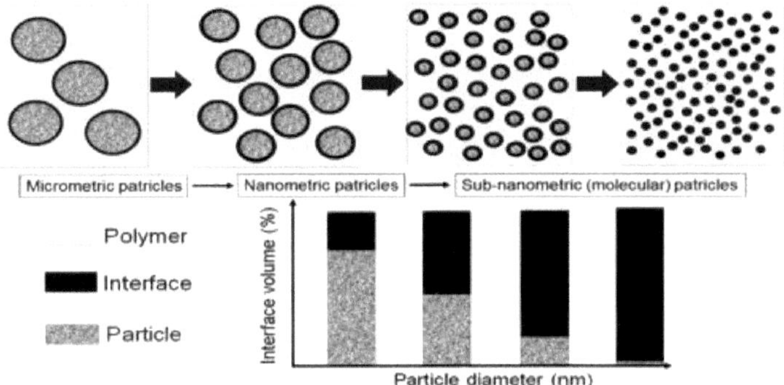

Representação esquemática da relação partículas/interfaces muda com o tamanho do material de enchimento [30].

3.3. Nano-composto utilizado em aplicações de alta tensão

Entre as propriedades melhoradas, talvez a propriedade mais importante dos compósitos seja a alteração da resistência eléctrica que se verifica quando as partículas de carga atingem dimensões nanométricas [1]. Investigações recentes mostraram que os nanocompósitos à base de epóxi [31] demonstram algumas vantagens nas propriedades mecânicas e dieléctricas em comparação com os sistemas de resina pura e os compósitos de resina epóxi com microenchimentos a baixa concentração (1-10 wt %) [32,33]. Verificou-se que, numa vasta gama de frequências, os valores de permissividade dos nanocompósitos de epóxi foram significativamente reduzidos em comparação com a resina de base e o enchimento de epóxi de tamanho micrométrico a uma concentração mais baixa. Foi revelado que a redução dos valores de permissividade depende fortemente do tipo de carga, bem como do tamanho da carga [33-35]. Por

71

outro lado, a presença de nanocargas na resina epóxi afecta a acumulação de cargas espaciais na matriz polimérica [26, 36-38]. A acumulação de cargas espaciais tem uma enorme influência nas propriedades dieléctricas dos sistemas de isolamento. Investigadores anteriores neste domínio mostraram que a acumulação de cargas espaciais pode afetar o campo elétrico interno, o qual pode apresentar intensificações locais importantes e conduzir a descargas parciais, a arborização eléctrica e a uma rutura precoce do isolamento [39,40].

Gröpper et al. [42] mostraram que, com a utilização de nanopartículas de SiO2 espirais especialmente tratadas como parte do bem aprovado isolamento do enrolamento do estator em epóxi-mica para grandes máquinas eléctricas, é possível melhorar significativamente as propriedades do sistema de isolamento de alta tensão. A resistência à erosão por descarga parcial e à formação de árvores eléctricas aumenta consideravelmente e resulta numa vida útil mais longa (até à rutura eléctrica). Além disso, as propriedades mecânicas e térmicas, que são importantes para os enrolamentos do estator de grandes turbinas e geradores hidroeléctricos, apresentaram valores mais elevados devido à aplicação de nanocompósitos [42]. A resina de impregnação à base de mica inclui uma mistura de resina epoxídica/anidrido e nanopartículas de carga, como SiO2 e/ou Al2O3, modificadas por um agente silanizante. Além disso, é também fornecido um método de produção da resina de impregnação à base de mica [43]. Para melhorar a resistência a descargas parciais, Gröpper et al. [44] utilizaram uma fita isolante composta por um papel de mica e um material de suporte que são colados um ao outro por meio de um adesivo.

Existem vários estudos sobre a melhoria da condutividade térmica para aplicações de isolamento elétrico de alta tensão. Lee et al. [45] investigaram várias cargas inorgânicas, incluindo AlN, wollastonite, SiC whisker e BN. As partículas com diferentes formas e tamanhos foram utilizadas isoladamente ou em combinação para preparar compósitos poliméricos termicamente condutores.

Zweifel et al. [46] investigaram as potenciais vantagens e utilizações de cargas submicrónicas e micrónicas (BN, SiC e diamante) para a gestão térmica em compósitos reforçados aplicados em sistemas de isolamento elétrico. Em particular, o efeito do tipo, tamanho, concentração e dimensões das cargas nas propriedades (eléctricas, térmicas, mecânicas, etc.) dos laminados epoxídicos reforçados foi determinado em pormenor. Zhang et al. [47] estudaram a condutividade térmica global de compósitos de resina epóxida com a adição de cargas inorgânicas selecionadas (BN, Al2O3, SiO2, diamante). Em termos de α-Al2O3, nano-diamante, nano β-

SiC e nano nitreto de silício amorfo, os resultados evidenciaram que o desempenho destas cargas não é tão bom como o da BN no que respeita ao aumento da condutividade térmica dos compósitos de resina epóxida, apesar de as cargas terem condutividades comparáveis ou, em alguns casos, superiores às da BN. Outros estudos [37,48] foram realizados sobre a condutividade térmica de diferentes micro e nanocompósitos contendo cargas inorgânicas selecionadas, tais como Al2O3, AlN e óxido de magnésio (MgO).

Juntamente com as resinas termoendurecíveis à base de epóxi, os termoplásticos são outra classe de materiais poliméricos que são utilizados em aplicações eléctricas. Em particular, o PE foi utilizado como material isolante para cabos de energia de média e alta tensão no início da década de 1970. Após a ocorrência de falhas maciças nos cabos devido a problemas de qualidade e difusão de humidade, os sistemas de isolamento de cabos baseados em PE foram substituídos por XLPE. Os primeiros cabos XLPE modernos foram utilizados principalmente em aplicações de corrente alternada (CA) devido à acumulação de carga espacial, mas atualmente a tecnologia dos cabos é suficientemente sofisticada para que também possam ser utilizados cabos de corrente contínua de alta tensão (HVDC). No início da HVDC, um objetivo geral do desenvolvimento de cabos era a adição de cargas inorgânicas ao polímero de base [49].

Foram realizadas as primeiras experiências com materiais de isolamento nanocompósitos com nanopartículas inorgânicas distribuídas uniformemente na matriz polimérica, a fim de obter propriedades avançadas, tais como uma melhor acumulação de cargas espaciais, resistividade volumétrica, condutividade térmica, resistência à rutura por corrente contínua (DC) e tempo de vida em serviço do sistema de isolamento. Foram utilizados diferentes tipos de materiais de nanocarga, tais como silicato em camadas (LS), SiO2, TiO2 e Al2O3 [50].

Um exemplo das melhorias alcançadas foi descrito por Lee et al. [51], onde foram comparadas as propriedades dos materiais de isolamento de cabos AC-XLPE, DC-XLPE e nano-DC-XLPE convencionais. Foram investigadas as caraterísticas da resistividade volúmica e da carga espacial. Entre a resistência à rutura CA e CC, foi demonstrado um fator de mais de dois, enquanto a resistividade volumétrica e a capacidade de carga do campo elétrico podiam ser significativamente melhoradas devido à adição de nanoenchimentos. Relativamente aos cabos CA XLPE, foram realizadas tensões até 550 kV e uma potência nominal até 1,5 GVA. A secção transversal do condutor de cobre é de até 2500 mm² e o comprimento do cabo pode ser de 1000 m sem juntas. Nos cabos DC XLPE, foram realizadas tensões até 320 kV e uma potência nominal de 1

GVA, bem como cabos com um comprimento de vários 100 km para projectos submarinos. Por exemplo, foi aplicado um cabo de Extra Alta Tensão (EHV) de ± 320 kV DC para a interconexão entre Espanha e França. Os cabos subterrâneos e submarinos têm sido utilizados desde as primeiras fases do transporte de eletricidade [52].

Espera-se que a adoção deste tipo de cabo dê um forte contributo para a realização de linhas de transmissão subterrâneas HVAC e HVDC num futuro próximo. Por conseguinte, a tendência para a investigação nano-dieléctrica vem da necessidade emergente dos engenheiros de energia de conceber novos sistemas de isolamento elétrico capazes de suportar níveis de tensão mais elevados, tais como as aplicações HVAC e HVDC [53].

3.4. Polímeros e (Nano)cargas
3.4.1. Polímeros utilizados em aplicações de alta tensão

A matriz polimérica, que pode ser incorporada na estrutura dos materiais micro/nano-compósitos utilizados em aplicações de alta tensão, pode ser dividida em três grandes categorias: termoplásticos, termoendurecíveis e elastómeros. Os polímeros são classificados nestas categorias em função das suas diferentes propriedades, tais como a estrutura física e química, as caraterísticas térmicas, o comportamento mecânico e elétrico, etc.

Os polímeros termoplásticos são definidos como plásticos que se tornam moldáveis acima de uma temperatura específica e solidificam após o arrefecimento. Exemplos típicos são o PE, o PP, o PVC, o poliéster linear e as poliamidas (PAs). Quase 85% da produção global de polímeros são termoplásticos e, em função das suas caraterísticas de temperatura de transição, podem ser divididos em duas grandes classes: amorfos e cristalinos [54]. No que respeita aos termoplásticos amorfos, tais como o PVC e a poliamida \imida (PAI), o seu módulo diminui rapidamente acima da temperatura de transição vítrea (Tg), e o polímero apresenta propriedades semelhantes às do líquido. Os termoplásticos cristalinos ou semi-cristalinos, como o polietileno de baixa densidade (LDPE), o etileno-acetato de vinilo (EVA) e a poliéter-cetona (PEK), são normalmente processados acima da temperatura de fusão (Tm) da fase cristalina e da Tg da fase amorfa coexistente. O seu grau de cristalinidade varia entre 20% e 90% e, após o arrefecimento, a cristalização deve ocorrer rapidamente [54]. O grande volume de produtos de base de baixo custo, como os PE, o polipropileno isotáctico (i-PP), o PS e o PVC, representa mais de 70% da produção total de termoplásticos. Polímeros como os acetais, PAs, PC, poliésteres, óxido de polifenileno (PPO), misturas e polímeros especiais (polímeros de cristais líquidos, PEK, poliimida (PI), fluoropolímeros, etc.) são cada vez mais utilizados em aplicações de elevado desempenho [54].

3.4.2. Enchimentos utilizados em compósitos

Os compósitos de polímeros representam uma mistura de dois ou mais componentes, com duas ou mais fases, à base de polímeros e cargas. As cargas podem ter diferentes geometrias, tais como fibras, flocos irregulares, esferas, formas aciculares e semelhantes a placas, cubos, blocos, etc., e são utilizadas numa concentração volumétrica razoavelmente elevada nos polímeros (> 5 vol %) [54]. Podem ser contínuos, como fibras longas embebidas no polímero em disposições regulares que se estendem ao longo das dimensões do microcompósito, ou descontínuos, como fibras curtas, flocos, plaquetas ou cargas de forma irregular (< 3 cm de comprimento) dispostas no polímero em padrões geométricos diferentes e múltiplos que formam um microcompósito [54].

Está a ser utilizada uma grande diversidade de cargas, com diferentes composições químicas, formas, tamanhos e propriedades intrínsecas. São geralmente materiais rígidos, imiscíveis com a matriz polimérica nos estados fundido ou sólido, formando diferentes morfologias [54,55].

Quando as cargas estão dispersas de forma homogénea na matriz polimérica, em pequenas concentrações (geralmente inferiores a 10 % em peso) e se encontram na gama nanométrica, respetivamente com dimensões inferiores a 100 nm (nanopartículas), os materiais são conhecidos como nanocompósitos. Estes materiais distinguem-se dos microcompósitos devido às suas propriedades únicas, dadas pela zona de interface formada entre o polímero e as nanopartículas. Estas interfaces são significativamente maiores em comparação com os compósitos de tamanho micro, devido à escala nanométrica das partículas. Devido às suas propriedades únicas, os nanocompósitos têm um grande potencial para aplicações avançadas.

Os nanocarregadores podem ser classificados em três categorias principais [56]:

- Nanofiller unidimensional: placas, lâminas e conchas,
- Nanofiller bidimensional: nanotubos e nanofibras,
- Nanofiller tridimensional: nanopartículas esféricas.

Várias nanopartículas, tais como nanoargilas (montmorilonite organomodificada, etc.), nano-óxidos (TiO_2, SiO_2, Al_2O_3, etc.), nanotubos de carbono (CNT), nanopartículas metálicas (Al, Fe, Ag e Au, etc.), partículas semicondutoras (SiC, ZnO, etc.) têm sido homogeneamente dispersas em polímeros, devido à procura crescente de melhoria do desempenho de termoplásticos e termoendurecíveis.), partículas semicondutoras (SiC, ZnO, etc.) têm sido homogeneamente dispersas em polímeros, devido à crescente procura de melhorias no desempenho de materiais termoplásticos e polímeros termoendurecíveis [56-58].

As propriedades dos micro/nano-compósitos poliméricos são afectadas pela natureza da matriz polimérica e da carga, pelas suas propriedades intrínsecas, pelo tamanho e forma das cargas, pela dispersão das partículas na matriz polimérica, pela funcionalização da superfície e pela espessura do tratamento da superfície da carga e também pelas interações e adesão entre a matriz polimérica e as cargas.

Devido às suas dimensões muito reduzidas e à sua grande área específica, os nanocompósitos poliméricos possuem propriedades físicas e químicas diferentes das dos compósitos tradicionais. A seleção das nanopartículas para uma aplicação adequada depende das propriedades eléctricas, mecânicas e térmicas desejadas. Por exemplo [59], os CNT melhoram a resistividade eléctrica e térmica e o Al2O3 é normalmente selecionado para uma elevada condutividade térmica, enquanto as nanopartículas de TiO2 (anastase) têm propriedades fotocatalíticas. O carbonato de cálcio (CaCO3) é normalmente utilizado devido aos baixos custos e ao elevado número de depósitos e o SiC é aplicado devido à resistência mecânica, dureza, corrosão e comportamento elétrico não linear. Em particular, o ZnO é utilizado em compósitos para controlo da tensão eléctrica devido à sua elevada condutividade térmica e caraterísticas eléctricas não lineares. As nanocargas podem melhorar ou ajustar significativamente diferentes propriedades, como as eléctricas, mecânicas, térmicas e ópticas ou a resistência ao fogo dos materiais em que são incorporadas, desde que estejam homogeneamente dispersas. É possível obter uma dispersão muito boa das nanocargas na matriz polimérica utilizando diferentes métodos e técnicas de pré-preparação, entre os quais métodos de dispersão mecânica, incluindo vibração ultra-sónica ou técnicas especiais de sol-gel, mistura de dispersão com elevada energia de cisalhamento e/ou através de uma modificação da superfície das nanopartículas adaptada [59,60].

3.4.3. Enchimentos Tratamento de superfície

A dispersão homogénea das cargas na matriz polimérica é um desafio devido à imiscibilidade do polímero e das partículas [61]. As partículas individuais tendem a aglomerar-se devido à sua tensão interfacial e as propriedades dos compósitos são alteradas. Por conseguinte, o tratamento da superfície das partículas é muito importante para conseguir uma distribuição homogénea, para evitar a formação de aglomerados no compósito de polímero e para melhorar a adesão entre o polímero e a carga [61]. Embora a literatura descreva o tratamento de superfície de numerosas cargas, é necessário ter em conta o facto de que a espessura da camada modificada desempenha um papel importante nas alterações das propriedades dos compósitos [59]. Foi realizada investigação importante sobre a influência da modificação da superfície das partículas nas propriedades eléctricas dos compósitos [62- 64] e, especialmente, dos nanocompósitos [61,65- 67]. As técnicas utilizadas para a modificação controlada da superfície incluem:

- tratamento químico da superfície das nano-partículas;
- enxerto de moléculas poliméricas funcionais nos grupos hidroxilo existentes na superfície das partículas e
- técnicas de plasma, que tornam a superfície das partículas mais ou menos molhável, mais dura, mais áspera e mais propícia à adesão ao polímero [61].

Normalmente, para o tratamento químico das superfícies das partículas, são utilizados diferentes tipos de agentes de acoplamento de silano (ou seja, 3-aminopropil tri-etoxissilano) (**Figura**). Os agentes de acoplamento de silano podem reagir com os grupos hidroxilo de superfícies inorgânicas e orgânicas através de uma reação de condensação [61,68].

O enxerto de moléculas poliméricas funcionais nos grupos hidroxilo da superfície das nanopartículas é outra técnica para ultrapassar a incompatibilidade entre as cargas inorgânicas e a matriz polimérica [70]. Como se pode ver na figura, existem dois métodos diferentes para preparar superfícies enxertadas. Por um lado, uma cadeia polimérica é diretamente acoplada à superfície da carga inorgânica (reacções de "enxerto sobre") e, por outro lado, é realizada a fixação de monómeros na superfície e a subsequente polimerização da cadeia polimérica (reacções de "enxerto de") [71].

**Representação esquemática da funcionalização de superfícies inorgânicas
através da reação de condensação de silanos funcionais [69].**

O método de plasma é outra técnica que modifica química e fisicamente a superfície das nanopartículas inorgânicas, sem influenciar as propriedades em massa das cargas. Na presença de monómeros selecionados, a copolimerização de enxertos e as reacções de polimerização podem ser realizadas durante o tratamento por plasma, permitindo a preparação de partículas com propriedades de superfície controladas. A limitação desta técnica reside no facto de as condições experimentais exigirem um sistema de vácuo muito complicado [61]. A modificação da superfície das partículas inorgânicas através destes métodos produz uma excelente integração e uma boa adesão entre a matriz polimérica e as cargas [61].

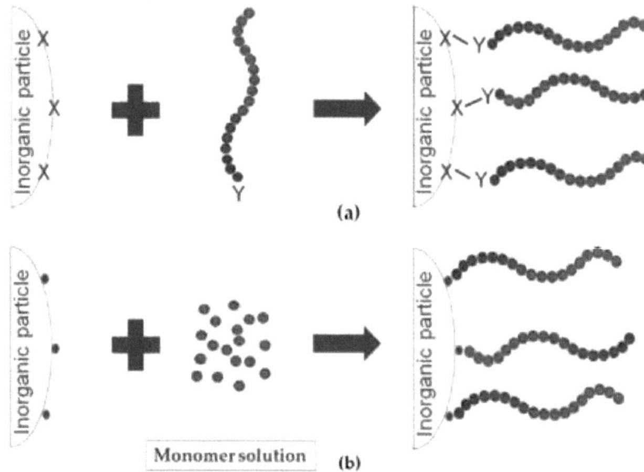

Representação esquemática da funcionalização da superfície de partículas inorgânicas por reacções de (a) "enxerto sobre" e (b) "enxerto de" [72]).

3.5. O papel da interface

As regiões de interface formadas entre a matriz polimérica e as partículas são consideradas como tendo um papel dominante nas propriedades finais dos nano-compósitos [23]. Alguns exemplos simples podem demonstrar claramente a importância da área de interface, especialmente a nível nanométrico e molecular [69]. Tomando em consideração o exemplo de Kickelbick [73], um cubo composto por $16 \times 16 \times 16$ átomos compactados é ilustrado na **Figura**.

O exemplo mostra como a superfície se torna importante quando os objectos são cada vez mais pequenos. Em termos de nanopartículas, cujas dimensões se situam na ordem das dezenas de nanómetros, quase todos os átomos são átomos de superfície que podem interagir com o polímero, pelo que a superfície interna tem um impacto direto nas propriedades do nanocompósito [73].

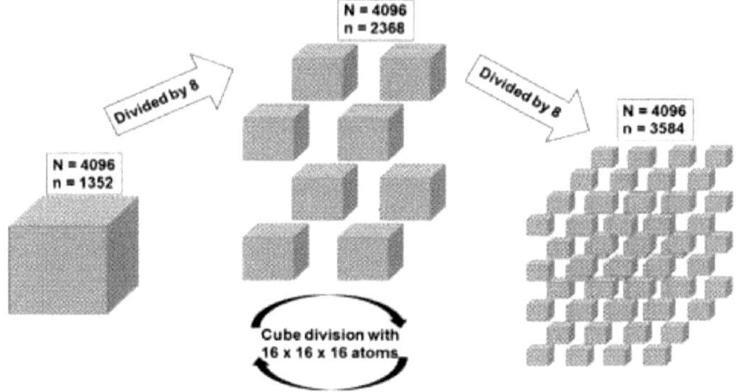

**Estatística de superfície consequência da divisão de um cubo, em que N é o total
número de átomos e n é o número de átomos da superfície [73].**

Para uma melhor compreensão das propriedades da interface e da sua estrutura físico-química, foram publicados vários trabalhos que se centraram no desenvolvimento de modelos para descrever a interface entre as nano-partículas e a matriz polimérica. Todos os modelos estabelecidos partiram das teorias e modelos fundamentais dos materiais dieléctricos, que podem ser resumidos em [74-87]

Modelo de Wilkes: Wilkes publicou o primeiro artigo com um modelo de interface em 1989 [76], descrevendo a distribuição parcial das nano-partículas de sílica na região externa do polímero formada por ligações covalentes, que foram geradas pelo método da tampa final (Figura) [76].

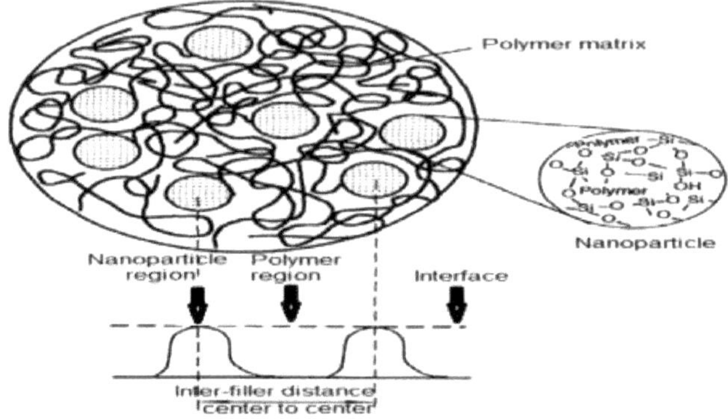

O modelo de Wilkes da interface formada entre a sílica nanopartículas e matriz polimérica [76].

Modelo de Tsagaropoulos: Tsagaropoulos et al., em [77], apresentaram uma melhor compreensão das alterações morfológicas e estruturais geradas pelo aumento da concentração de carga na matriz polimérica (Figura).

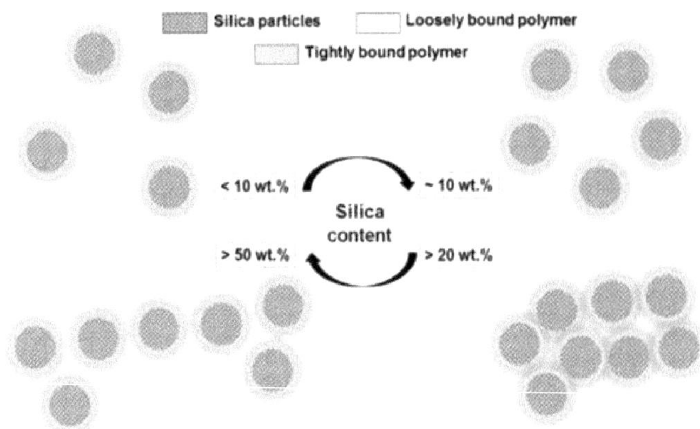

O modelo de representação esquemática de Tsagaropoulos do sistema morfológico
alterações na matriz polimérica preenchida com carga de sílica em diferentes concentrações: menos de 10 wt %; cerca de 10 wt %;

mais de 20 % em peso e mais de 50 % em peso [77].

O modelo de Tsagaropoulos assume que as partículas de sílica (áreas texturadas na Figura 9) estão rodeadas por uma camada de polímero (áreas cinzentas na **Figura**) ou camada fortemente ligada, que parece ser imóvel nos regimes de temperatura e frequência e não participa na transição vítrea. As cadeias poliméricas capazes de participar na transição vítrea (área texturada a cinzento claro na Figura) são designadas por polímero de mobilidade reduzida ou camada solta [77].

Modelo de Lewis: Em 1994, Lewis destacou a importância da interface, considerando-as como regiões com comportamento eletroquímico e eletromecânico alterado [16]. Em 2004, Lewis definiu uma interface entre duas fases materiais uniformes A e B (Figura) [79]. A intensidade Iα de uma propriedade material escolhida α associada às forças é constante dentro de cada uma das duas fases A ou B, mas tornar-se-á cada vez mais modificada à medida que a interface com outra fase se aproxima [79,80]. Em geral, α pode ser qualquer propriedade física ou química (ou seja, o potencial eletroquímico, o campo elétrico, a permissividade dieléctrica local ou um parâmetro ótico) [79].

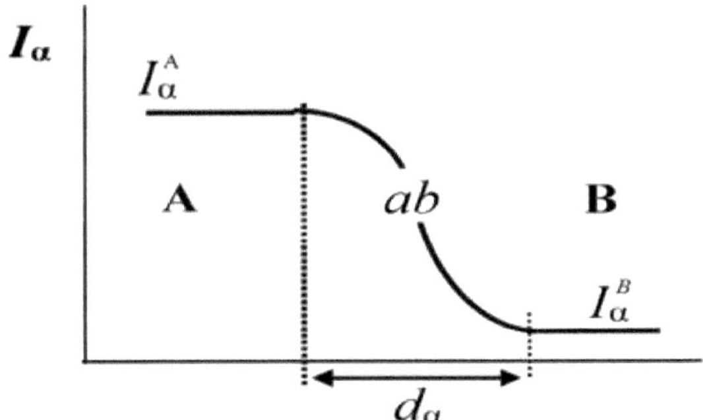

Modelo de intensidade de Lewis mostrando a interface ab entre duas fases
A e B são definidos pela intensidade Iα e pelas alterações da propriedade α sofrida ao atravessar a interface [79]).

Modelo de Tanaka: Em 2005, Tanaka propôs um modelo multi-core [76] com o objetivo de compreender melhor várias propriedades e fenómenos que os nano-compósitos poliméricos exibem como dieléctricos e isolantes eléctricos. Este modelo descreve a estrutura físico-química e eléctrica das regiões de interface formadas entre as nanopartículas esféricas e a matriz polimérica (Figura) [76].

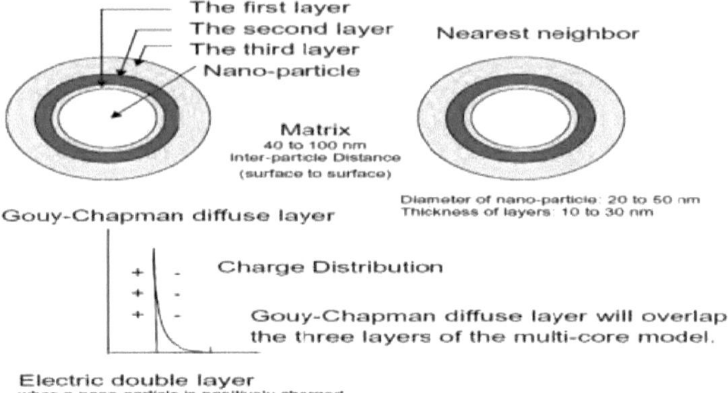

O modelo multi-core de Tanaka [76].

De acordo com o modelo de Tanaka, a interface é definida como uma multi-camada de várias dezenas de nm e é formada por três camadas: uma camada ligada (a primeira camada), uma camada ligada (a segunda camada) e uma camada solta (a terceira camada).

Uma camada difusa de Gouy-Chapman é sobreposta às três camadas da interface e causa um efeito de campo distante [76]. A primeira camada é uma região de ligação química entre as partículas inorgânicas e a matriz de polímero orgânico.

Outros modelos: Para além destes quatro modelos da região da interface entre as nanopartículas e a matriz polimérica, foram propostos vários modelos, mas a correspondência entre os modelos e os resultados experimentais é quantitativamente fraca. Espera-se que a simulação por computador e a modelação numérica produzam resultados mais quantitativos.

Partindo do modelo de Tanaka, em 2008 foi proposto um modelo eletrostático 3D por Ciuprina et al. [75] para analisar a distribuição do campo elétrico dentro e fora das nanopartículas esféricas homogeneamente dispersas numa matriz polimérica. Além disso, esse modelo pode revelar o impacto do diâmetro e da concentração das nanopartículas, da espessura das camadas de interface e da permissividade das nanopartículas e das camadas nas propriedades dos nanocompósitos poliméricos [83]. Partindo de uma hipótese semelhante, em 2012, Plesa [84] propôs um novo modelo estrutural de nanocompósitos compostos por

LDPE preenchido com nanopartículas inorgânicas (SiO2/TiO2/Al2O3) (Figura) [84].

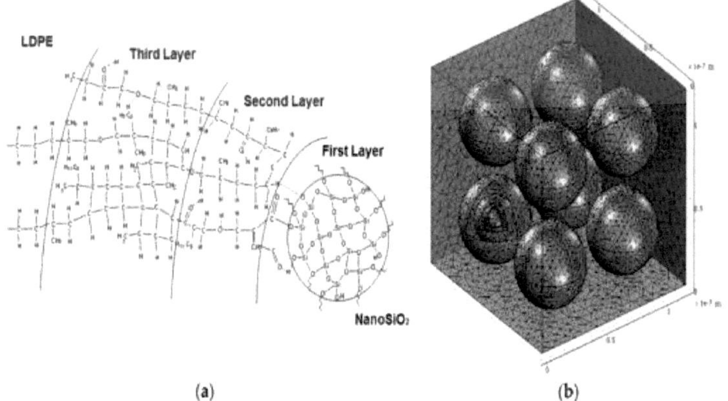

(a) Representação esquemática de uma interface LDPE-nanoSiO2
(b) estrutura química e (b) modelo eletrostático 3D [84]).

De acordo com este modelo [80, 85], o termo interface é substituído pelo termo interfase, cujas caraterísticas dependem do tamanho das partículas, da concentração de carga e do tipo de polímeros e nano cargas. Na hipótese de uma dispersão ideal de nanopartículas numa matriz polimérica, assume-se uma certa espessura da interfase e atinge-se um volume máximo de interfase para uma concentração de carga distinta (Figura) [80,85].

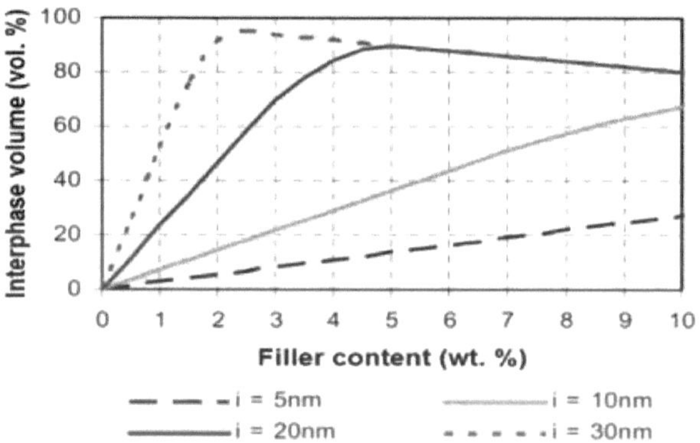

Modelo de volume interfásico de Raetzke para uma matriz de silicone e
partículas de SiO2, com diferentes espessuras de interface i [85]

O modelo de alinhamento da cadeia polimérica proposto por Andritsch em 2011 [80,86] baseia-se em experiências e descreve a morfologia das resinas epóxi nano-preenchidas.

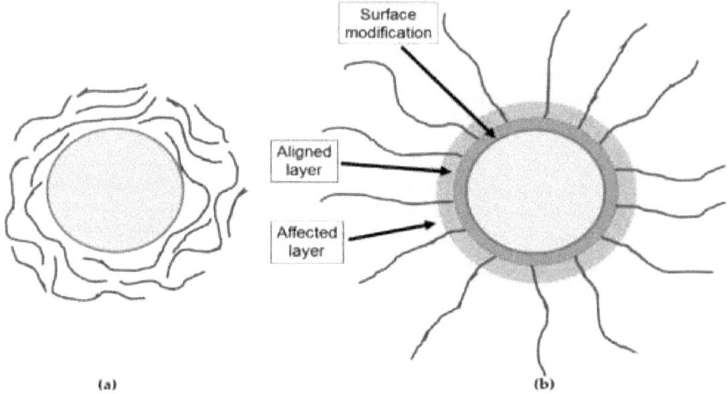

Modelo de alinhamento de cadeias de polímeros de Andritsch: nanopartículas
(a) sem e (b) com modificações na superfície [86]).

Se as nano-partículas não forem modificadas (Figura a), as interações entre as nano-partículas e a matriz polimérica são reduzidas. Se as superfícies das nanopartículas forem modificadas com um agente de acoplamento de silano (Figura b), ocorrerá uma reestruturação da matriz polimérica devido às reacções entre o polímero e os grupos epóxi do silano: surge uma camada de alinhamento das cadeias poliméricas perpendicular à superfície das nanopartículas e a região circundante do polímero também é afetada [80,86].

O modelo da casca de água proposto por Zou et al. em 2008 [87] baseia-se nos modelos de Lewis e Tanaka e explica o efeito da absorção de água em nano-compósitos epoxídicos, quando estes são expostos à humidade [78]. Neste modelo considera-se que as moléculas de água se concentram em torno das nano-partículas e, em baixas concentrações, na matriz polimérica. Se a concentração de água em torno das nano-partículas for elevada, formam-se caminhos percolativos através de cascas de água sobrepostas (Figura), que afectam as propriedades dieléctricas dos nano-compósitos epoxídicos [78,87].

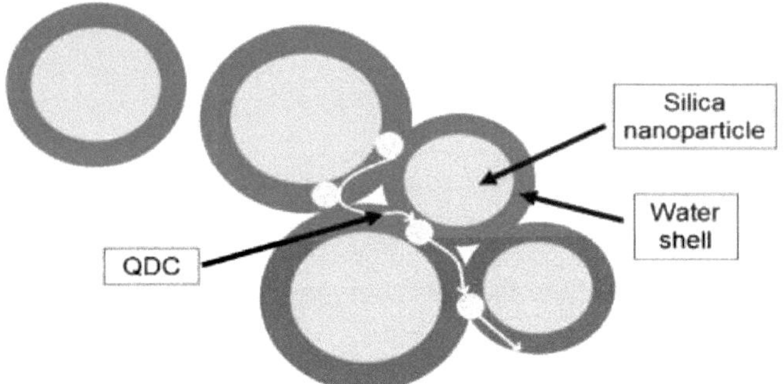

Representação esquemática do modelo de concha de água proposto por Zou.
O percurso percolativo passa por conchas de água sobrepostas, em torno de nanopartículas [87]).

3.6. Métodos de preparação

Os métodos de preparação de microcompósitos são relativamente simples e estes podem ser fabricados em grandes quantidades [54]. Tendo em consideração os diferentes tipos de polímeros e fibras a partir dos quais os microcompósitos poliméricos podem ser fabricados, os métodos de preparação representam um vasto tema [88]. As etapas básicas incluem a impregnação da fibra com a resina, a formação da estrutura, a cura de termofixos ou o processamento térmico de matrizes termoplásticas e o acabamento [88].

Nas últimas duas décadas, os químicos e os cientistas de materiais têm demonstrado um interesse significativo e um desenvolvimento importante no que respeita aos métodos de preparação de nanocompósitos orgânicos e/ou inorgânicos [89, 90].

Para obter estes desempenhos elevados em termos de propriedades térmicas, mecânicas ou eléctricas, os nanopreenchimentos devem ser homogeneamente dispersos na matriz polimérica e devem estar física ou quimicamente ligados ao polímero circundante [89]. Durante o processo de fabrico, as aglomerações de nanopartículas tendem a aparecer devido à tensão interfacial acumulada na superfície dos nanopreenchimentos e à incompatibilidade dos componentes inorgânicos e orgânicos. Reconheceu-se que o tratamento da superfície das nanopartículas proporcionaria uma melhor dispersão na matriz polimérica [89]. O agente de dispersão de cura corretamente escolhido ligará os polímeros orgânicos e as partículas inorgânicas, que são imiscíveis [89].

Os nanopreenchimentos inorgânicos podem ser dispersos nas matrizes poliméricas de quatro formas diferentes [90, 91]:

- método de intercalação baseado na esfoliação de LSs;
- processo sol-gel que começa, à temperatura ambiente, com um precursor molecular, formando depois, por reacções de hidrólise e condensação, uma estrutura de óxido metálico;
- formação in situ de nano-enchimentos e polimerização in situ de monómeros na presença de enchimentos.

3.6.1. Método de intercalação

O método de intercalação é um método top-down típico baseado na diminuição do tamanho da carga até à escala nanométrica [92]. Este método pode ser conseguido de três formas: intercalação direta de cadeias de polímeros a partir da solução, intercalação de polímeros fundidos e intercalação de monómeros seguida de polimerização in situ [73].

3.6.1.1. Intercalação direta de cadeias de polímeros a partir de uma solução

A intercalação direta de cadeias poliméricas a partir da solução é o procedimento de dispersão de cargas em camadas (isto é, silicatos) num solvente no qual o polímero é solúvel e é conhecido como processo de esfoliação ou adsorção. Quando o solvente é eliminado do complexo polímero-argila através da evaporação, os silicatos ensanduicham o polímero para formar uma estrutura de várias camadas (Figura) [91,93].

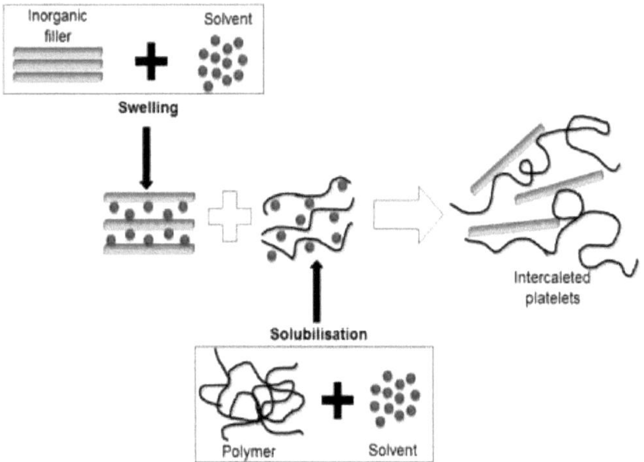

Representação esquemática do tratamento da solução [93]).

3.6.1.2. Intercalação de polímeros fundidos

A intercalação de polímeros em fusão envolve a mistura do material de enchimento em camadas (isto é, silicato) com o polímero no estado fundido. Se as superfícies das camadas de silicato forem suficientemente compatíveis com as cadeias de polímero, o polímero pode ser inserido no espaço entre camadas, sem qualquer solvente, formando nanocompósitos intercalados ou esfoliados (Figura) [91,93].

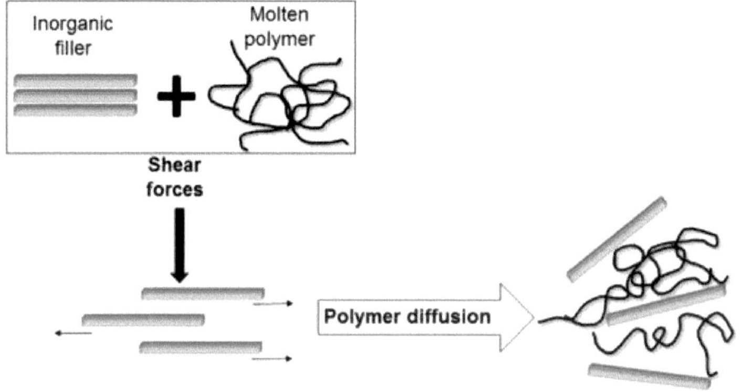

Representação esquemática do processamento da fusão [93].

3.6.1.3. Intercalação de monómeros seguida de polimerização in situ

A intercalação de monómeros seguida de polimerização in situ é o procedimento que utiliza monómeros com iniciadores, que são autorizados a polimerizar na presença da camada de enchimento (um exemplo proeminente é a argila). Durante o crescimento das cadeias poliméricas, as camadas de argila são separadas e as cadeias poliméricas entram no espaço entre camadas, formando nanocompósitos polímero/argila (Figura) [91,93].

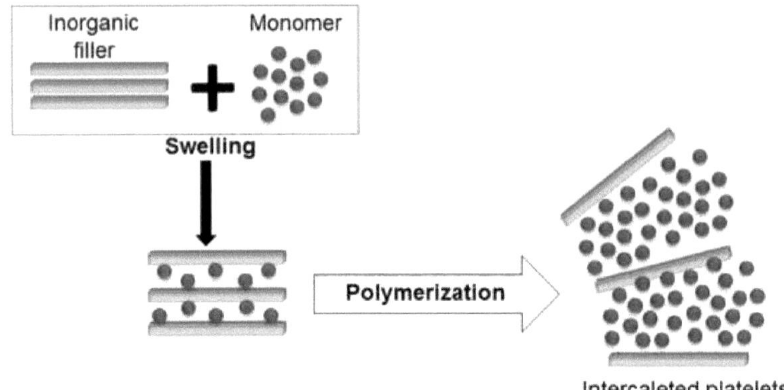

Representação esquemática da intercalação de monómeros na polimerização in-situ [93]).

3.6.2. Método Sol-Gel

O método sol-gel é um método típico de baixo para cima e está associado a duas fases de reação, nomeadamente sol e gel. O sol representa uma suspensão coloidal de partículas sólidas numa fase líquida e o gel é a rede interligada formada entre as fases [90]. Este processo consiste em duas reacções principais: hidrólise dos alcóxidos metálicos (Equação (1)) e condensação dos intermediários hidrolisados (Equações (2) e (2′)) [90]:

- Hidrólise:	$M(OU)4 + H2O \rightarrow HO\text{-}M(OU)3 + ROH,$	(1)
- Condensação :	$(OU)3M\text{-}OH + OH\text{-}M(OU)3 \rightarrow (OU)3M$ $\text{-}O\text{-}M(OU)3 + H2O,$	(2)
	$(OU)3M\text{-}OH + RO\text{-}M(OU)3 \rightarrow (OU)3M$ $\text{-}O\text{-}M(OU)3 + ROH.$	(2')

Ambos são processos com várias etapas e ocorrem sequencialmente [90]. Este método pode ser utilizado para obter óxidos metálicos inorgânicos a partir de alcóxidos metálicos orgânicos, ésteres, etc. e películas transparentes de híbridos orgânicos-inorgânicos através da co-hidrólise e policondensação de misturas de alquil-ltri-metoxisilano-tetra-metoxisilano [91].

3.6.3. Polimerização in situ

A formação de nanopartículas através da polimerização in situ é um método de síntese de nanopartículas através da polimerização de soluções coloidais contendo iões metálicos e monómeros. O tamanho das nano-partículas depende das condições experimentais (temperatura, coagulação térmica, etc.) e das propriedades dos sólidos coloidais [91]. Este método é utilizado para preparar nanocompósitos à base de polímeros termoendurecíveis e nanopartículas, que são dispersos em monómeros (ou soluções de monómeros) e as misturas polimerizadas por métodos padrão [92].

3.6.4. Mistura direta de nanopartículas com o polímero

A mistura direta de nanopartículas com o polímero é uma abordagem top-down típica e é o método mais simples para obter nanocompósitos. Este método envolve a mistura mecânica direta do polímero com as nanopartículas (na ausência de qualquer solvente), acima do ponto de amolecimento do polímero (designado por método de fusão-composição) ou a mistura do polímero e das nanopartículas como uma solução (designado por método de mistura em solução) [23, 92]. Devido ao tratamento da superfície das nanopartículas e ao desenvolvimento de equipamento de mistura, é possível obter amostras homogéneas através deste método (Figura).

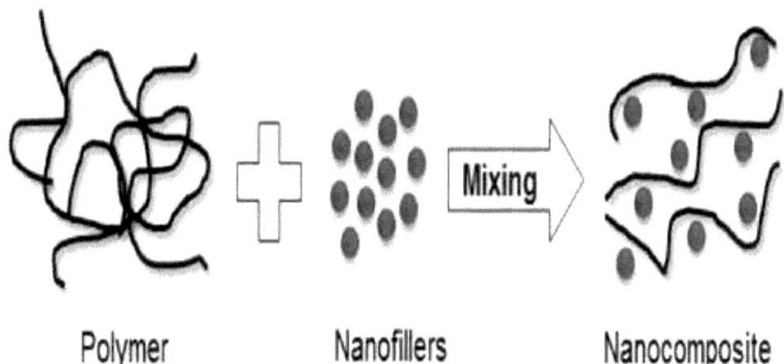

**Representação esquemática da mistura mecânica de
nanopartículas com o polímero.**

3.7. Propriedades dos (Nano) Compósitos

É um desafio conceber e otimizar sistemas adequados de isolamento elétrico de equipamentos eléctricos, em condições em que as exigências energéticas, o nível de tensão e os valores de temperatura estão a aumentar e, por outro lado, as dimensões dos componentes eléctricos e dos equipamentos estão a tornar-se mais pequenas e compactas em comparação com as tradicionais, aumentando as exigências dos sistemas de isolamento. Assim, a investigação atual visa sistemas que se espera venham a ter melhor resistência e fiabilidade em comparação com os seus equivalentes convencionais [94].

Na engenharia de isolamento, os compósitos poliméricos são a segunda geração do que se designa por resinas com enchimento e consistem em polímeros preenchidos com uma grande quantidade (da ordem de 50 % em peso) de microenchimentos inorgânicos [33]. São tradicionalmente concebidos para serem utilizados como materiais estruturais [95].

Os materiais compósitos oferecem algumas vantagens em termos de leveza, resistência, facilidade de manutenção e melhor proteção ambiental, mas também apresentam algumas desvantagens em termos de custos de processamento e de escolha de materiais. Os materiais compósitos oferecem a oportunidade de fornecer o produto adequado com o desempenho necessário para a aplicação final, optimizando assim a relação preço-desempenho [95]. Em aplicações de alta tensão, os materiais sólidos de isolamento elétrico, designados por dieléctricos, nos primórdios das aplicações de energia eléctrica eram feitos de materiais naturais e materiais cerâmicos [94,96]. Em duas áreas, os avanços foram escassos: o papel à base de celulose, que continua a ser o principal sistema de isolamento em transformadores de potência e em aplicações de cabos submarinos, e os materiais de isolamento elétrico exterior para linhas de alta tensão e casquilhos [94]. Em geral, os plásticos são mais fáceis de moldar e processar do que o vidro e a cerâmica, mas não possuem resistência mecânica suficiente. Nas últimas décadas, procurou-se criar compósitos de polímeros leves (contendo cargas inorgânicas) com propriedades materiais melhoradas. Os epóxis ofereceram novas possibilidades no desenvolvimento do isolamento elétrico, particularmente para alcançar um design mais compacto no equipamento de energia eléctrica [97]. As cargas foram introduzidas para melhorar as propriedades mecânicas e outras (eléctricas, térmicas) dos polímeros [94]. Devido à sua boa adaptabilidade e tecnologia de fabrico simples, os epóxis com cargas minerais são os materiais preferidos para o isolamento de interiores e exteriores. A desvantagem destes materiais é o envelhecimento a longo prazo [97].

Os primeiros resultados experimentais sobre as propriedades eléctricas de nanocompósitos de polímeros foram comunicados por Nelson e Fothergill em 2002 [98]. As suas investigações sobre sistemas epoxídicos preenchidos com micro/nano partículas de TiO2 concluíram que:

- O epóxi nano-preenchido apresenta uma resposta tangente de perda plana a baixa frequência em comparação com os micro-compósitos;
- O epóxi nano-preenchido apresenta um comportamento de carga espacial atenuado em comparação com os micro-compósitos e
- o decaimento da carga do epóxi nanocarregado é rápido em comparação com o epóxi microcarregado [53,98].

Foram investigados vários sistemas nano-compósitos, como PE/TiO2, PP/LS, EVA/LS, epóxi/-TiO2, epóxi/Al2O3, epóxi/ZnO, e foi referido que a formação de cargas espaciais foi atenuada após a nano-estruturação e mostrou uma acumulação de cargas reduzida em campos elevados quando comparada com o polímero de base [53]. Entretanto, verificou-se que o desempenho de rutura de vários sistemas nano-compósitos foi melhorado em comparação com micro-compósitos equivalentes [53]. Além disso, os nanocompósitos eram geralmente mais resistentes a descargas parciais do que os microcompósitos e os polímeros de base. Uma vez que os microenchimentos são muito menos compactados do que os nanoenchimentos, assumiu-se que a erosão da matriz em torno dos nanoenchimentos se processa como no polímero não preenchido. Foram também sugeridos mecanismos semelhantes para o efeito retardador de árvores encontrado nos nanocompósitos [53]. Verificou-se que os nanocompósitos apresentam uma menor permissividade e tangente de perda em comparação com os microcompósitos e, por vezes, com o polímero não preenchido [53].

Espera-se que os nanodielectrodos possuam propriedades dieléctricas únicas devido à região interfacial entre os nanopreenchimentos e o polímero, em vez de uma simples combinação binária de propriedades, como acontece nos microcompósitos convencionais. Esta propriedade distinta levou à ideia de uma nova classe de materiais dieléctricos com propriedades eléctricas, mecânicas e térmicas combinadas e pode ser uma excelente classe de materiais no que diz respeito a aplicações AC e DC [53].

3.7.1. Propriedades eléctricas
3.7.1.1. Condutividade eléctrica

Imai et al. [99] investigaram as propriedades eléctricas de micro/nano-compósitos à base de resina epóxida e cargas de LS/sílica. A Figura (a) mostra a relação entre a corrente de absorção e o tempo.

Verificou-se que a curva de amortecimento do compósito de mistura de nano e micro cargas (NMMC) com 1,5 % vol. de silicato em camadas organicamente modificado (OMLS) é quase a mesma que a da resina epóxi com enchimento convencional e observa-se uma influência muito pequena dos iões modificadores de LSs nestes resultados. À temperatura ambiente, não houve diferença significativa entre os resultados da resina epóxi com enchimento convencional e o NMMC/1,5 vol % OMLS nos valores de resistividade volumétrica, mas aumentando a temperatura, a resistividade diminui ligeiramente no caso dos nanocompósitos [99].

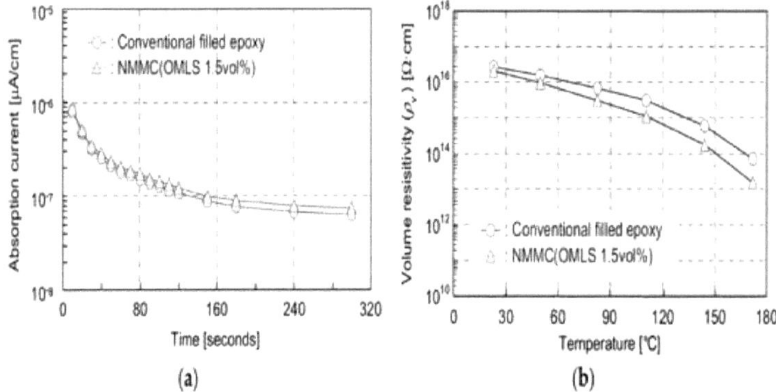

(a) Correntes de absorção no tempo após aplicação de tensão contínua (500 V)
(b) e (b) dependência da resistividade volúmica com a temperatura [99]).

Castellon et al. [26] observaram que as correntes de condução são significativamente influenciadas pela concentração de SiO2 em comparação com a resina epóxi não preenchida. Quanto maiores forem as concentrações de micro e nano partículas no polímero de base, maiores serão as correntes de condução obtidas [26].

Singha et al. [32] analisaram as variações da resistividade volumétrica DC em relação às concentrações de cargas (TiO2, Al2O3 e ZnO) em nano-compósitos de epóxi. Mesmo a introdução nos sistemas de iões livres através da adição de partículas inorgânicas, que podem aumentar a condutividade DC dos compósitos, a sua influência não foi considerada significativa neste estudo [32]. Patel et al. [100] efectuaram estudos semelhantes em nanocompósitos à base de resina epoxídica e nanopartículas de Al2O3.

Lutz et al. [101] analisaram a influência da absorção de água na resistividade volumétrica de isoladores de resina epóxi. Eles propuseram um modelo (baseado na difusão Fickian) para simular o processo dinâmico de diminuição da resistividade volumétrica durante o armazenamento em humidade.

Roy et al. [102] estudaram as caraterísticas de condução dependentes do tempo de micro/nano-compósitos baseados em XLPE e 5 wt % SiO2, não funcionalizados e funcionalizados com amino-silano, hexametildisilazano (HMDS) e tri-etoxi-vinilsilano, respetivamente. Foram preparadas amostras com uma espessura de 100-150 μm e foi aplicada uma intensidade de campo elétrico de 2 kV/mm. Como se pode observar na Figura, as curvas das correntes de absorção no tempo para os nano-compósitos de SiO2 funcionalizados e não tratados têm o mesmo declive, mas os valores das correntes são mais baixos para os materiais funcionalizados. Foi observado que as correntes de absorção são consistentes com o comportamento da tangente de perda na região de baixa frequência, o que sugere fortemente que a condutividade pode estar associada à região interfacial e/ou aos efeitos de hidratação, que são alertados pelo acoplamento melhorado associado aos materiais funcionalizados [102]. Resultados semelhantes foram obtidos noutros estudos [103-106].

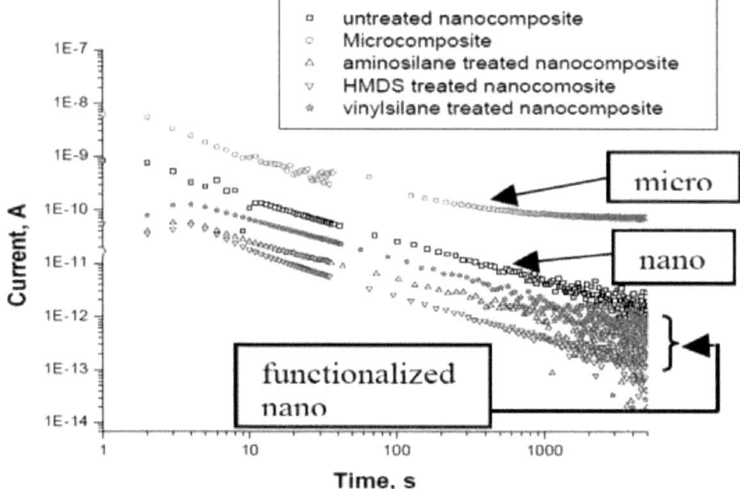

Corrente de absorção dependente do tempo para XLPE/SiO2 micro/nano-compósitos [102].

Lau et al. [107] investigaram o comportamento das correntes de absorção de nano-compósitos de PE não preenchidos e preenchidos com 2, 5 e 10 wt % de nanoSiO2, não tratados e tratados com agente de acoplamento trimetoxi (propil) silano (tratado com C3). Os resultados indicaram que a presença de cargas de nanoSiO2 influenciou os valores da corrente de absorção. Assim, enquanto o polímero sem carga apresentou um decréscimo no tempo das correntes de absorção (de forma convencional), todos os sistemas nano-compósitos analisados revelam um decréscimo inicial seguido de um período em que os valores de corrente aumentam com o aumento do tempo de aplicação do campo DC. Foi observado que as caraterísticas tempo-corrente de todos os nano-compósitos analisados eram diferentes do polímero não preenchido e a taxa de diminuição dos valores de corrente dos nano-compósitos era significativamente maior em comparação com o PE não preenchido [107]. Utilizando estes valores experimentais, a mobilidade dos portadores de carga foi estimada para o PE não preenchido e para o PE preenchido com nanoSiO2. Os resultados das medições das correntes de absorção podem ser utilizados para compreender a relação entre a acumulação e o movimento das cargas espaciais [107].

3.7.1.2. Micro/Nano-compósitos com condutividade eléctrica controlada

Em muitas aplicações de alta e média tensão, tais como acessórios para cabos, enrolamentos finais de geradores ou motores ou casquilhos, podem ser notados muitos problemas com as concentrações de tensão do campo elétrico [108]. Para evitar rupturas ou flashover nestas situações, é necessário controlar o campo elétrico através de materiais com condutividade adaptada e condutividade não linear. Estes materiais, designados por materiais de gradação de campo, reduzirão a tensão superficial local de forma a não excederem a resistência à rutura em nenhum local. Mesmo no passado, os materiais de classificação de campo eram utilizados apenas em terminações CA para aplicações de média tensão, atualmente estão envolvidos em aplicações de média e alta tensão, em condições CA e CC, porque os requisitos de tensão aumentaram constantemente e o tamanho do equipamento diminuiu [108].

Os principais componentes de um cabo são o condutor, o isolamento e a blindagem ligada à terra. Em funcionamento, a tensão nominal ocorre através do sistema de isolamento e a tensão radial nesta região é não linear [108]. Uma solução para resolver este problema é o chamado controlo geométrico das tensões e refere-se à dobragem da blindagem e ao aumento da espessura do isolamento. Para aplicações HVDC, a graduação do campo pode ser controlada através de um material com resistividade dependente do campo, o que significa que o material deve tornar-se condutor em campos elevados e permanecer isolante em campos baixos [108,109]. Em muitas aplicações de alta tensão, são utilizadas camadas condutoras para obter superfícies equipotenciais. Assim, no que respeita aos cabos de média e alta tensão, são utilizadas camadas semicondutoras para nivelamento e atenuação dos valores locais de campos elevados, respetivamente para redução dos fenómenos de descargas parciais. As camadas condutoras de grande raio são geralmente ligadas ao potencial de uma terminação de alta tensão para proporcionar alguma proteção contra descargas corona indesejadas, etc. Além disso, os enrolamentos terminais das máquinas de alta tensão são cobertos por uma camada semicondutora para reduzir as descargas parciais e as fugas [108,110]. Como estas camadas não têm de transportar correntes, a sua resistividade não precisa de ser semelhante à de um metal para ser eficaz. Por exemplo, é utilizada uma tinta de grafite para tornar condutoras as camadas de celulose como substituto das folhas metálicas na graduação de tensões internas de casquilhos de alta tensão [108]. Da mesma forma, as camadas semicondutoras, dispostas em ambos os lados da insu-lação do cabo de alta ou média tensão, são fabricadas em PE e negro de fumo ou SiC [111,112]. Os polímeros utilizados para as camadas semicondutoras (acrilatos, acetatos, PEs, etc.) têm de apresentar uma elevada estabilidade térmica (até 250-300 °C durante o processo de reticulação) para manter as propriedades mecânicas da tela e a natureza eléctrica do intervalo entre as partículas de carbono [113-115].

Noutras aplicações, como a blindagem de dispositivos electrónicos e a dissipação eletrostática (ESD), o encapsulamento, a interferência electromagnética e de radiofrequência (EMI/RFI), o revestimento de películas finas, a embalagem de circuitos electrónicos, etc., são utilizados materiais compósitos poliméricos com elevada condutividade eléctrica. As matrizes destes compósitos baseiam-se geralmente em PE, PVC, PC, PS, resinas epoxídicas, nylon 6.6, acrilonitril-butadieno-estriado (ABS), etc. Como cargas, aplicam-se partículas de AlN, carbono e grafite, alumínio, cobre, aço ou prata, poliacrilonitrilo (PAN), titanato de bário (BaTiO3), etc. [116,117].

Outra alternativa para conferir alguma condutividade aos polímeros convencionais pode ser oferecida pelos CNT e pelas nanofibras. Como as suas condutividades podem ter valores numa vasta gama (desde materiais semicondutores a materiais condutores), os CNT (nano-tubos de carbono de parede simples (SWCNTs) ou nano-tubos de carbono de parede múltipla (MWCNTs)) podem ser utilizados em muitas aplicações [108]. Na literatura, foram publicados vários estudos sobre este assunto [118-120] e uma das primeiras observações foi que as condutividades eléctricas não eram tão elevadas como se esperava, dada a condutividade dos nanotubos. Um exemplo é o estudo de Cravanzola et al. [121] sobre um dispositivo sensor piezo-resistivo, que foi feito através da integração de duas fibras piezo-resistivas em dois painéis de PP ensanduichados. Foi demonstrado que, devido às cargas aplicadas, a deformação mecânica afectava notavelmente a resistividade dos materiais. Haznedar et al. [122] investigaram compósitos baseados em nanoplaquetas de grafite (GNPs) e/ou (MWCNTs)/LDPE e mostraram o papel sinérgico dos CNTs (1D) e GNPs (2D) na melhoria das propriedades condutoras.

Na teoria clássica da percolação aplicada aos compósitos, uma ligação física entre as partículas de enchimento e a condutividade (σ) perto do limiar de percolação pode ser descrita pela lei da potência:

$$\sigma \propto (\varphi - \varphi c)t \qquad (3)$$

Onde, φ é a fração volumétrica de carga, φc é o limiar de percolação e t é uma constante de lei de potência que depende da geometria do sistema [108, 116, 122]. φc é também uma função da geometria da carga, da dispersão e do tipo de conetividade entre as partículas (i.e., tunelamento versus barreira de Schottky) [62].

O modelo requer algumas modificações devido à geometria, dispersão e condução das cargas em polímeros preenchidos com nanopartículas. No caso dos nanocompósitos de polímeros, pode existir uma camada muito fina de polímero que envolve completamente as nanopartículas, impedindo o contacto direto entre as partículas. Neste caso, a percolação eléctrica ocorre quando as partículas estão suficientemente próximas para permitir a condução por túnel através da camada intersticial (ou seja, polímeros com enchimento de negro de carbono) [108].

3.7.1.3. Permissividade relativa e fator de perda

Foram realizados muitos estudos de investigação sobre a permissividade relativa e o fator de perda de materiais micro/nano-compósitos [123]. Se forem introduzidas várias dezenas de percentagem em peso de microenchimentos inorgânicos nos polímeros, normalmente a permissividade relativa do compósito aumenta [33]. Isto deve-se ao facto de as cargas terem uma permissividade mais elevada por natureza, em comparação com os polímeros de base, e causarem uma polarização interfacial Maxwell-Wagner, que fornece informações sobre o aprisionamento de cargas associado a superfícies internas e processos de relaxamento associados à reorientação de dipolos [124]. Os valores mais elevados para microcompósitos são normalmente explicados em termos da lei logarítmica de mistura de Lichtenecker-Rother [33].

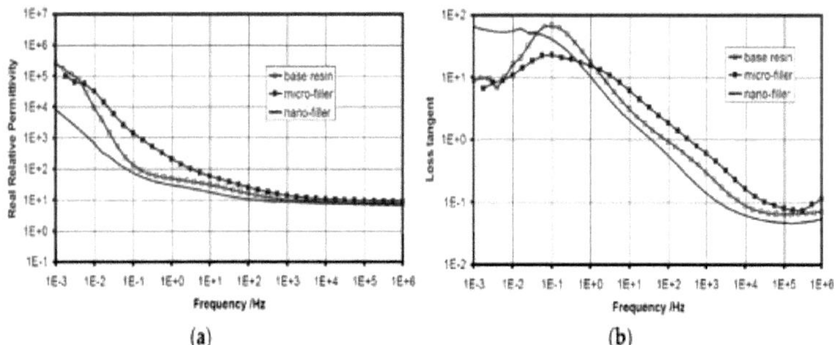

(a) Parte real da permissividade relativa e (b) tangente de perda de
(b) resina epoxídica e micro/nanocompósitos epoxídicos/10 % em peso de TiO2
(c) materiais a 393 K [22]).

A altas frequências, os microcompósitos mostraram uma permissividade relativa mais elevada, provavelmente devido à permissividade mais elevada das cargas incorporadas no polímero de base (εr(TiO2) $\approx$ 99) [22]. Por exemplo, a 1 kHz e 393 K, as permissividades relativas medidas foram 9,99 para a resina de base, 13,8 para os micro-compósitos e 8,49 para os nano-compósitos, o que é significativamente inferior ao polímero de base. Este resultado sugere que a zona de interação, que rodeia as nanopartículas, tem um efeito profundo no comportamento dielétrico do nanocompósito e dá origem a movimentos cooperativos limitados de reorientação dipolar no seu interior [22,124].

A baixas frequências, os materiais nano-compósitos apresentam um comportamento diferente. O declive da parte real muda de -2 para -1 nestes gráficos de Bode e a tangente de perda é plana e independente da frequência, o que pode ser explicado pela "dispersão de baixa frequência" (LFD) proposta por Jonscher [125] ou pelo que Dissado e Hill [126] designam por comportamento "quasi-DC" (QDC). Uma vez que as nanopartículas podem causar alterações morfológicas na resina epóxi durante o processo de reticulação, pode formar-se uma camada de "interação dieléctrica" em torno destas partículas. Lewis [79] considerou os fenómenos eléctricos (polarização e condução) nas zonas que rodeiam as nano-partículas e a formação de uma camada carregada (camada de Stern) na superfície das partículas, rodeada por uma camada carregada difusa (camada de Gouy-Champan) [76,127]. Dissado e Hill [126] modelaram esta percolação reforçada pelo campo em termos de circuitos fractais.

Singha et al. [128] analisaram o comportamento dielétrico de nanocompósitos epoxídicos com nanocargas simples de Al2O3 e TiO2 a baixas concentrações de carga (0,1/0,5/1/5 wt %) numa gama de frequências de 1 MHz-1 GHz. Os resultados experimentais obtidos nestas amostras de nanocompósitos mostraram caraterísticas dieléctricas muito diferentes das dos microcompósitos.

Kochetov et al. [129] realizaram um estudo sobre a espetroscopia dieléctrica de nano-compósitos à base de epóxi preenchidos com diferentes tipos de partículas, tais como Al2O3, AlN, MgO, SiO2 e BN. As superfícies das nanopartículas foram modificadas com um agente de acoplamento de silano, a fim de realizar a compatibilidade entre os componentes inorgânicos e orgânicos e obter uma melhor dispersão dos nanopreenchimentos na matriz polimérica. A permissividade relativa dos nano-compósitos apresenta um comportamento invulgar. Observou-se que a introdução de uma baixa percentagem (inferior a 5 wt %) de carga de elevada permissividade resulta numa diminuição da permissividade do polímero a granel. Este facto pode ser explicado pela presença da camada de interface das partículas modificadas à superfície, que desempenha um papel mais importante do que a natureza das partículas e também pela imobilização causada pelo tratamento de superfície das nanopartículas [129]. Foi observado que as perdas dieléctricas no sistema não se alteram significativamente com a adição de nanopartículas até 5 wt. % [129]. Estudos semelhantes sobre o comportamento dielétrico de sistemas micro/nano-compósitos baseados em resina epóxi e diferentes tipos e concentrações de cargas foram realizados por Mackersie et al. [123], Fothergill et al. [124,130], Tanaka et al. [4,33], Singha et al. [32,128], Smith et al. [104], Plesa et al. [131], Kozako et al. [132], Castellon et al. [26], Heid et al. [133], Mo et al. [134], etc.

Roy et al. [102,135] analisaram o comportamento dielétrico de diferentes sistemas baseados em XLPE/SiO2 funcionalizados com agentes amino-silano, hexametil-disilazano (HMDS) e trietoxivinilsilano. As análises de espetroscopia dieléctrica (Figura a,b) fornecem uma perspetiva considerável sobre a natureza da estrutura, que contribui para a polarização e perda. A dispersão de baixa frequência pode ser observada em micro-compósitos, o que está ausente em todos os nano-compósitos. Este comportamento resulta provavelmente da polarização de Maxwell-Wagner, que é atenuada nos nano-dielectricos [102]. Estudos semelhantes sobre o comportamento dielétrico de sistemas micro/nano-compósitos baseados em polietileno e diferentes tipos e concentrações de carga foram realizados por Ciuprina et al. [83,136-138], Tanaka et al. [24], Panaitescu et al. [139], Plesa [84], Hui et al. [140], Lau et al. [53], etc.

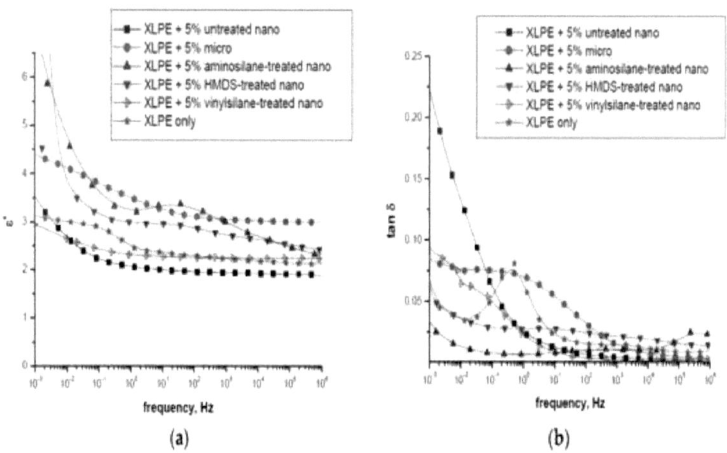

(a) Parte real da permissividade relativa e (b) tangente perda (b) XLPE funcionalizado a 23 °C [102]).

Noutros sistemas, como os materiais PI/SiO2 [141], a tangente de perda tende a diminuir para PI puro, PI/SiO2 micro-compósitos e PI/SiO2 nano-compósitos, na região de baixa frequência, até 200 Hz. Relativamente aos micro-compósitos PI/SiO2, surge um pico na região de média frequência (cerca de 1 kHz) devido à polarização interfacial de Maxwell-Wagner e que é mais reduzido em termos dos nano-compósitos PI/SiO2. Este pico pode ser causado pela atenuação do campo à volta das cargas devido às suas diferenças de tamanho [4,141].

3.7.1.4. Descargas parciais e resistência à erosão

A resistência dos materiais isolantes a descargas parciais (DP) é uma propriedade muito importante para aplicações de alta tensão, tais como os enrolamentos da extremidade do estator de máquinas rotativas ou fios de motores de enrolamento aleatório ou cabos XLPE HVDC, onde a PD corroerá gradualmente os materiais isolantes e causará avarias [25]. A resistência à DP do isolamento polimérico pode ser avaliada utilizando várias configurações de sistemas de eléctrodos, tais como os eléctrodos da Comissão Eletrotécnica Internacional (CEI) e os sistemas de eléctrodos haste-plano. O primeiro fornece a rugosidade da superfície, enquanto o segundo permite a avaliação da profundidade da erosão e pode ser utilizado para a caraterização de materiais micro/nano-compósitos [142].

Krivda et al. [25] avaliaram a resistência à erosão devida à DP das misturas de micro/nano-compósitos epoxídicos, utilizando um sistema de elétrodo haste-plano (ver Figura (a,b)). A partir dos resultados apresentados na Figura (a), tornou-se claro que uma combinação de micro e nano cargas em compósitos epoxídicos proporcionava uma melhor proteção contra a erosão por DP do que a resina de base, compósitos contendo apenas micro cargas ou apenas nano cargas [25]. Devido ao facto de os resultados dependerem das condições de ensaio (a Figura (a)) mostra os resultados obtidos a 4 kV/600 Hz e a Figura 26b mostra os resultados a 10 kV/250 Hz), é impossível identificar a melhor combinação de micro e nano cargas na matriz polimérica.

Foram efectuadas muitas experiências para investigar a resistência à DP de materiais micro/nano-compósitos epoxídicos. A maioria delas demonstrou que a adição de nanopartículas pode melhorar esta propriedade eléctrica, apesar de se utilizar o epóxi sem cargas [143].

Iizuka et al. [144] analisaram dois tipos de nanocompósitos epóxi/SiO2, tais como Aerosil (preparado pela dispersão de nanoSiO2 disponível comercialmente, denominado Aerosil, em resina epóxi e pela cura de toda a mistura) e Nano-pox (preparado pela cura direta da mistura disponível de epóxi e nanoSiO2, denominado Nano-pox), a fim de clarificar o efeito da dispersão de nanocargas e dos agentes de acoplamento na resistência do campo elétrico. Verificou-se que a resistência a descargas parciais foi melhorada apenas com a adição de nanocargas e agentes de acoplamento [144].

Tanaka et al. [145] investigaram a resistência à erosão por DP de resinas epoxídicas e nano-compósitos de SiC a 1, 2, 3, 4 e 5 wt % em comparação com os nano-compósitos epoxídicos/SiO2. Observou-se que as resinas epoxídicas podiam ser melhoradas no seu desempenho de erosão PD substituindo SiO2 por nano cargas de SiC, enquanto o perfil de erosão era estreito no nano-compósito epoxídico/SiO2. Pode concluir-se que as cargas de SiO2 permanecem mais presas na superfície após a exposição à DP do que as cargas de SiC [145].

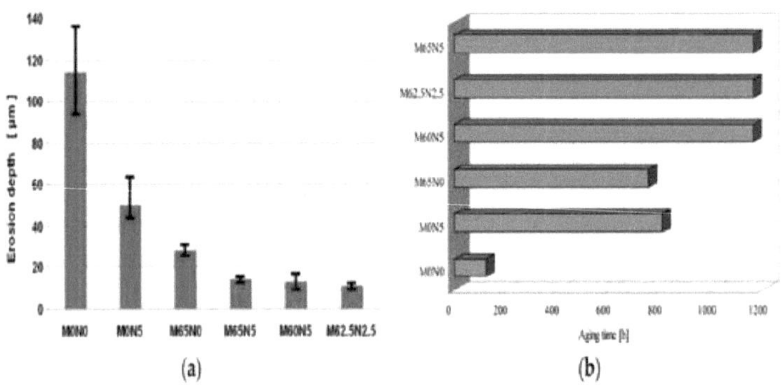

(a)

(b)

Preetha et al. [146] analisaram as caraterísticas de DP de amostras de nano-compósitos de epóxi com uma boa dispersão de partículas de Al2O3 (0,1, 1, 5, 10 e 15 wt %) na matriz polimérica. As experiências de DP foram realizadas a 10 kV para diferentes durações, utilizando eléctrodos do tipo IEC. Os resultados foram comparados com epóxi não preenchido e microcompósitos de epóxi.

Kozako et al. [147,148] investigaram a DP de quatro tipos de nanocompósitos de epóxi com nanoTiO2, dois tamanhos diferentes de SiO2 e LS, epóxi não preenchido e preenchido com microSiO2 (Figura a,b).

Li et al. [149,150] analisaram a resistência à erosão PD de diferentes tipos de amostras de insuflação, tais como epóxi puro, compósito epóxi/5% em peso de nanoAl2O3, compósito epóxi/60% em peso de microAl2O3 e compósito combinado de epóxi/2% em peso de nano com 60% em peso de micro-Al2O3, utilizando um sistema de elétrodo haste-plano. Observou-se que os nano-compósitos levam o maior tempo de degradação (307 min) em comparação com o epóxi puro (186 min), o micro-compósito (94 min) e o micro/nano-compósito (275 min) [143]. A partir de todos estes resultados experimentais, concluiu-se que, ao adicionar uma baixa concentração de nanopartículas de enchimento à matriz de resina epóxida, o DP é significativamente melhorado [143]. Isto deve-se muito provavelmente à forte ligação entre as nanopartículas e as cadeias de resina epóxida na zona de interface, o que provoca uma redução da velocidade de degradação local do material [32]. A adição de microenchimentos não contribui de forma significativa para a resistência à degradação do material em comparação com os nanoenchimentos, mas pode aumentar a condutividade térmica, o que constitui uma vantagem [149]. Resultados semelhantes foram obtidos por Henk et al. [20], Li et al. [151], e Zhang et al. [152], Imai et al. [153].

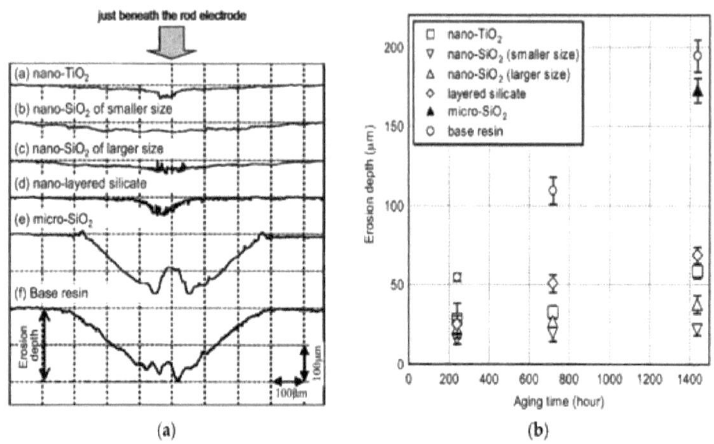

(a) Perfis de superfície das áreas erodidas devido a PDs nas amostras que contêm diferentes tipos de micro/nano cargas e sem cargas após 120 h adicionando a 720 Hz; (b) Variação temporal da profundidade de erosão da área erodidos por DPs a 4 kV de 720 Hz [148].

Os resultados e dados disponíveis para o polímero XLPE com nanocargas são limitados na literatura. Tanaka et al. [24] relataram evidências do aumento dos valores de resistência PD dos nano-compósitos de XLPE (ver Figura 28a,b). As amostras analisadas foram baseadas em XLPE comercial padrão, de modo a ter mais impacto na melhoria do isolamento atual utilizado para cabos extrudidos de potência.

Nesta investigação, foram realizados dois métodos de avaliação da resistência às descargas parciais: o primeiro, utilizando um elétrodo haste-plano, e o segundo, semelhante ao sistema de eléctrodos IEC. O primeiro método mostrou que a resistência às descargas parciais foi significativamente melhorada no caso do XLPE com nano-enchimentos de SiO2 a 5 wt % (quimicamente funcionalizados à superfície) em comparação com o XLPE sem enchimento (Figura a,b) [24].

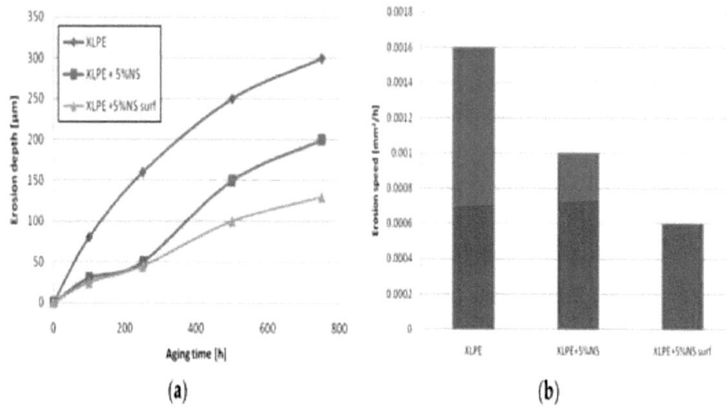

(a) Evolução da profundidade de erosão PD com o tempo de envelhecimento do XLPE sem enchimento, XLPE com 5 % em peso de nanoSiO2 não funcionalizado e XLPE com 5 % em peso
(b) nanoSiO2 funcionalizado com agente químico e (b) erosão velocidade para estes tipos de XLPE de [24].

Por outro lado, com o segundo método, que utiliza um elétrodo semelhante ao sistema de eléctrodos IEC para testar as três amostras tratadas termicamente (sem enchimento, com enchimento de nanoSiO2 sem e com enchimento tratado superficialmente), não foi observada qualquer melhoria aparente com a adição de nano-enchimentos (Figura (a, b)). Em geral, especulou-se que este facto se deve ao efeito do tratamento de enchimento das amostras, mas o método de ensaio e a análise de dados devem ser investigados mais aprofundadamente [24, 143].

As modificações das partículas com viniltrimetoxisilano (VTMS) e metiltrimetoxisilano (MTMS) não melhoraram significativamente a resistência à erosão dos compósitos, mas reduziram a absorção de água. Concluiu-se que, para atingir uma taxa de erosão baixa, são necessárias cargas de carga elevadas [154]. Heid et al. [133] descobriram que a incorporação de partículas de nitreto de boro hexagonal (h-BN) na resina epóxi resultou em melhorias significativas de parâmetros como a resistência à erosão por DP. Outros estudos mostraram que a resistência à DP melhora no PI através da nano-estruturação com LS [33] e que a resistência à DP foi maior nos nano-compósitos PI/SiO2 do que no PI puro [4].

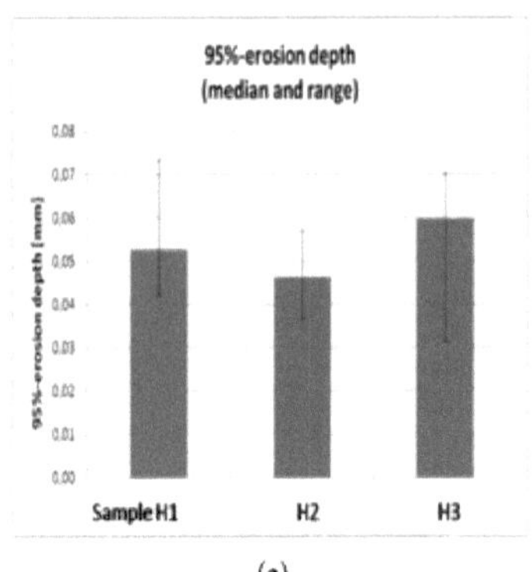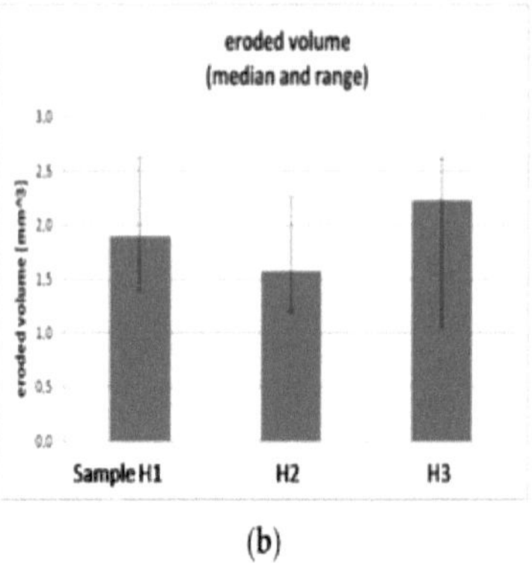

(a) Profundidade de erosão PD e (b) volume de erosão PD para XLPE não preenchido (amostra H1), XLPE/5 % em peso de nanoSiO2 não funcionalizado (amostra H2) e

3.7.1.5. Acumulação de cargas de espaço

A carga espacial ocorre num material dielétrico quando a taxa de acumulação de carga é diferente da taxa de remoção e surge devido a cargas internas em movimento ou aprisionadas, tais como electrões, buracos e iões [155]. É geralmente indesejável, uma vez que causa uma distorção no campo elétrico, aumentando o campo interno localmente dentro do isolante, o que levará a uma falha mais rápida e prematura do material [155]. Assim, a homo-carga (carga próxima de um elétrodo da mesma polaridade que o elétrodo originalmente em contacto com ele) diminui o campo elétrico na vizinhança do elétrodo. Como resultado, é indesejável um aumento concomitante do campo elétrico noutros locais do volume do isolante. Assim, os mecanismos de formação de cargas espaciais são considerados como um fator determinante no estabelecimento das propriedades dieléctricas globais de um sistema de isolamento polimérico e são muito complexos em comparação com muitos outros tipos de materiais [155].

De acordo com estas análises, observou-se que o campo máximo dos micro-compósitos atinge mais do dobro do campo elétrico médio aplicado, enquanto os nano-compósitos estabilizam no campo apenas um pouco mais alto do que a média [33]. Foram feitos ensaios para atribuir a polaridade da carga formada nos compósitos, mas não foram conclusivos se a carga formada perto dos eléctrodos é homo ou hetero, devido à distribuição complicada e às condições que afectam a mudança de espaço [33].

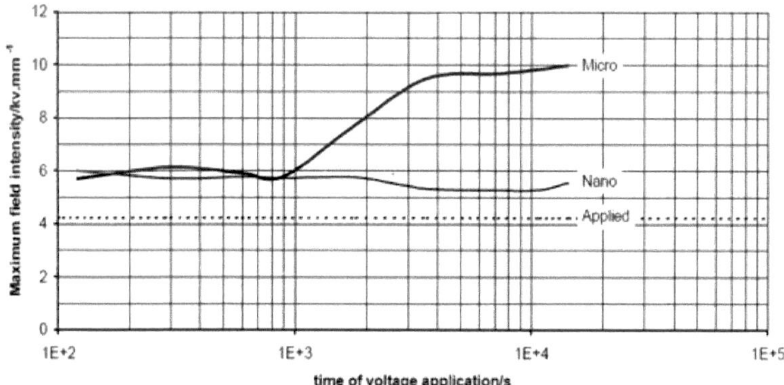

Intensidade máxima do campo em função do tempo de aplicação da tensão em micro/nano-compósitos de epóxi/TiO2 [22].

Na literatura, foi relatado que a carga espacial é atenuada pela nano-estruturação em diferentes sistemas nano-compósitos, tais como epóxi/TiO2, Al2O3 e ZnO, camada de silicato PP/EVA e LDPE/TiO2 [33]. Yin et al. [156] analisaram nano-compósitos de LDPE com TiO2, preparados através do método de mistura em solução. A distribuição da carga espacial das amostras com e sem nanoTiO2 foi medida com o método PEA. Verificou-se que a carga espacial hetero-polar perto dos eléctrodos era muito menor nos nano-compósitos de PEBD/TiO2 em comparação com o PEBD puro sob tensão DC mais baixa, não superior a 40 kV/mm [4,156]. A carga espacial no interior dos nanocompósitos era muito mais uniforme em comparação com o polímero de base, o que significa que a concentração da tensão eléctrica foi melhorada sob tensão DC nos nanocompósitos [4,156]. Outra observação foi que a taxa de decaimento da carga espacial remanescente em LDPE/nanoTiO2 aumentou com o aumento da concentração de TiO2, quando em curto-circuito após pré-tensão a 50 kV/mm durante 1 hora [4,156].

O Grupo de Trabalho D1.24 do CIGRE [24] efectuou uma investigação experimental exaustiva do PEX e dos seus nanocompósitos com SiO2 pirogénico. Os estudos de investigação foram efectuados em diferentes países, mas todas as amostras foram preparadas por uma única fonte e avaliadas por peritos de vários laboratórios [24]. Foram analisados três tipos de amostras: XPLE não preenchido (material comercial padrão utilizado para cabos de alimentação extrudidos - amostra 1), XLPE com 5 % em peso de nano-SiO2 não funcionalizado (amostra 2) e XLPE com 5 % em peso de nano-SiO2 funcionalizado (amostra 3). As amostras foram tratadas a vácuo por calor a diferentes valores de temperatura e durações de tempo. Foram aplicados dois tipos de medições para medir a carga espacial em amostras de XLPE, tais como o método PEA e o método de passo térmico (TS) em campo alto/baixo, por diferentes equipas de investigação [24]. Um dos resultados revelou que a menor quantidade de carga espacial é obtida quando a nanocarga é tratada à superfície (Figura).

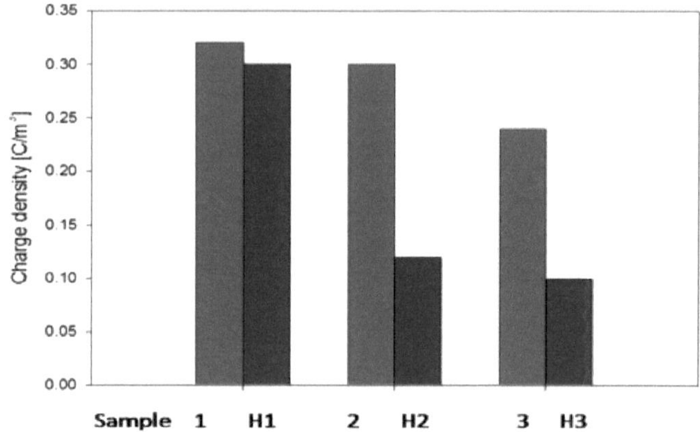

Distribuição de cargas espaciais a 20 kV/mm em XLPE com e sem enchimento (amostras 1, 2 e 3) antes e depois do tratamento (amostras H1, H2 e H3)
a 80 °C durante cinco dias [24]).

Os resultados globais mostraram que a hetero-carga é gerada para o XLPE não preenchido e é devida a alguns resíduos de reticulação e impurezas naturais [24]. Por outro lado, foi confirmado que os nano-enchimentos reduzem esta hetero-carga, uma vez que os nano-parti-culos são caraterísticos da absorção de impurezas. Este fenómeno instável e caótico consiste numa viagem lenta através do isolante de algumas ondas de carga, com uma velocidade de cerca de 1 mm/hora e uma magnitude que pode duplicar o campo elétrico local. Estes pacotes de carga são geralmente reduzidos pela adição de nanopartículas [124]. Lau et al. [155] obtiveram resultados semelhantes em nanocompósitos à base de XLPE com 2 wt %/5 wt %/10 wt % de nanoSiO2 tratado e não tratado.

Em resumo, os seguintes resultados são confirmados como efeitos da nano-estruturação [124]:

- a carga espacial aumenta em campos baixos e diminui em campos altos;
- o campo de incepção da carga espacial diminui;

- a carga espacial é gerada internamente e
- o tempo de decaimento da carga diminui.

3.7.1.6. Repartição eléctrica

A rutura eléctrica dos materiais isolantes é um fator importante em aplicações de alta tensão [59]. A incorporação de cargas inorgânicas no polímero de base pode modificar significativamente a rutura eléctrica do material compósito, dependendo da concentração de cargas, da sua forma, tamanho e modificações superficiais com diferentes agentes, da homogeneidade dos materiais afetada pela dispersão das cargas no polímero de base e das propriedades eléctricas das cargas [59]. Para obter uma elevada resistência à rutura eléctrica dos compósitos, é necessário escolher cargas com caraterísticas eléctricas semelhantes às da matriz polimérica, uma vez que a distorção e o aumento do campo elétrico podem ser causados pelas diferenças de permissividade relativa e de condutividade eléctrica entre as cargas inorgânicas e os polímeros orgânicos [59]. A rigidez dieléctrica dos polímeros pode ser deteriorada por cargas de alta permissividade ($BaTiO_3$, SiC, ZnO e AlN) e cargas de alta condutividade eléctrica (negro de carbono, fibra de carbono e nanotubos, grafite, metais), mas podem ser utilizadas em aplicações que exijam materiais de alta condutividade térmica [59]. As cargas de baixa permissividade e alta resistividade eléctrica podem ser utilizadas em compósitos poliméricos com alta condutividade térmica e alta resistência à rutura para os sistemas de isolamento de equipamentos eléctricos.

Os valores da resistência à rutura eléctrica foram medidos no caso dos epoxi-nanocompósitos com Al_2O_3, SiO_2 e AlN como-recebidos/funcionalizados e os gráficos para um parâmetro da escala de Weibull podem ser vistos na Figura 32b, que mostra a tensão para 63,2% de probabilidade de falha das amostras [157].

Os resultados da rutura eléctrica são frequentemente analisados através da estatística Weibull (gráficos Weibull) e representam a probabilidade cumulativa de rutura, o que equivaleria à proporção de espécimes que falharam para uma amostra de grande dimensão [124]. Uma vez que estes compósitos tiveram a sua maior resistência à rutura DC para concentrações de cargas de 0,5 e 2 wt %, pode assumir-se que também os compósitos de resina epoxídica/BN com partículas de superfície funcionalizadas de 70 nm em média também teriam uma maior resistência à rutura para concentrações de cargas entre 0,5 e 2 wt % [30]. Outros estudos [4] referiram que os valores de rutura eléctrica se mantiveram quase iguais até uma concentração de nanopartículas de 10%

em peso, enquanto diminuíram significativamente para uma carga de micropartículas de 10% em peso.

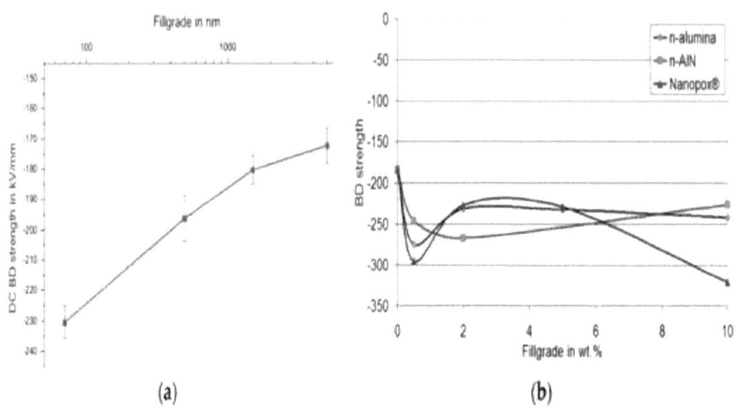

(a) **Resistência à rutura DC de curto prazo para compósitos de resina BN/epóxi em função do tamanho da carga [30]) e (b) parâmetro da escala de Weibull, que mostra (b) a tensão para 63,2% de probabilidade de falha das amostras com dois componentes (resina epoxídica e nano cargas) [157]).**

Roy et al. [135] observaram que a incorporação de nanopartículas de SiO2 no XLPE aumentou significativamente a rigidez dieléctrica em comparação com a incorporação de micropartículas e os seus valores foram comparados com o polímero de base na Figura.

Foi observado um aumento dramático na resistência à rutura no caso dos nanocompósitos não tratados com argamassa em comparação com os microcompósitos. No entanto, o maior aumento foi observado para os compósitos SiO2/XLPE tratados com vinilsilano a 25 °C, que continuaram a aumentar os seus valores a uma temperatura elevada de 80 °C. Para todas as amostras analisadas, o parâmetro de forma de Weibull (β) aumentou a 80 °C devido a um aumento do volume livre com a temperatura [135]. A rutura eléctrica dos micro/nano-compósitos à base de polímeros é afetada por vários factores, tais como o grau de cristalinidade, a acumulação de cargas espaciais, a área interfacial, a temperatura, o volume livre e o tipo de ligação [135]. Neste estudo [135], o maior aumento da rutura eléctrica foi conseguido com nanopartículas em comparação com micropartículas, onde não ocorreu qualquer alteração significativa na cristalinidade. Foi postulado que as nanopartículas impedem a acumulação de cargas espaciais no volume dos nanocompósitos, gerando caminhos condutores locais. A existência destes caminhos, através da sobreposição de camadas duplas nanométricas, pode explicar os valores de rutura [135]. Resultados semelhantes foram obtidos por Lau et al. [155] nos seus estudos experimentais.

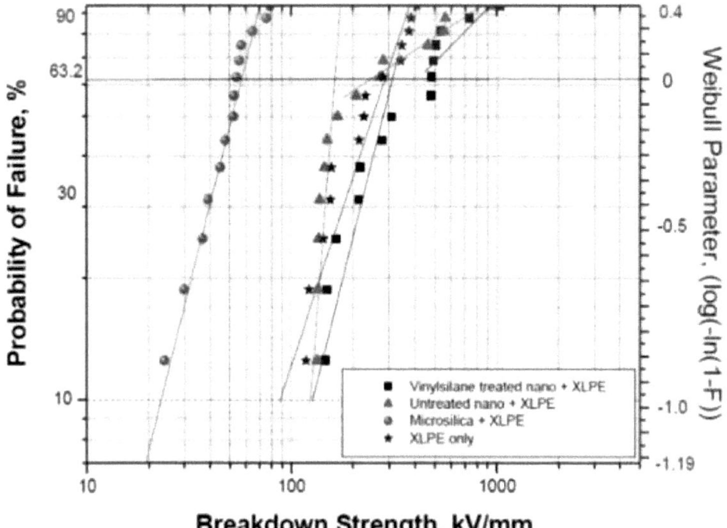

**Gráfico de Weibull para a resistência à rutura eléctrica do XLPE
com 5 % em peso de nanoSiO2 micro/não tratado e tratado com
vinilsilano a 25 °C [135]).**

Li et al. observaram na sua revisão [151] que a resistência à rutura DC diminui para os micro/nano-compósitos com o aumento das cargas de enchimento, como ilustrado na Figura 34a. Para comentar efetivamente estes dados experimentais publicados na revisão [151], é utilizado o rácio k2 entre os valores da tensão de rutura de nanocompósitos com diferentes concentrações de cargas e os da matriz polimérica. Abaixo de um determinado teor (cerca de 10 % em peso), as nanocargas indicam um efeito positivo na melhoria da resistência à rutura eléctrica DC [151]. A figura mostra que os microenchimentos têm um efeito negativo na rutura eléctrica DC [151].

Calebrese et al. [158] demonstraram que as nanopartículas apresentam tanto um aumento como uma diminuição da resistência à rutura em diferentes sistemas. Na obtenção destas variações, o efeito do processamento também pode ser um fator determinante. Por exemplo, foi demonstrado que tanto os microenchimentos como a aglomeração das nanopartículas conduzem a reduções na resistência à rutura [158]. Tanaka et al. [4] observaram que a resistência à rutura DC foi aumentada para os nanocompósitos baseados em PP, enquanto que não se alterou significativamente no caso dos copolímeros EVA.

A propriedade de rutura eléctrica dos dieléctricos depende também da tensão aplicada [151]. Observou-se que, no processo de compilação de dados, a tensão do campo de rutura eléctrica apresenta uma forte dependência da tensão aplicada, como se mostra na Figura (b) [151]. Esta figura revela claramente que os nanoenchimentos são benéficos para melhorar a resistência à rutura eléctrica da tensão unidirecional, que foi afetada pela carga espacial [151]. Por conseguinte, a resistência à rutura eléctrica pode não ser significativamente afetada pela nanomização, sob pequenas concentrações de nanocargas e condições de dispersão adequadas. Foram registados resultados favoráveis nos casos apresentados anteriormente, em comparação com materiais não preenchidos e micropreenchidos [4].

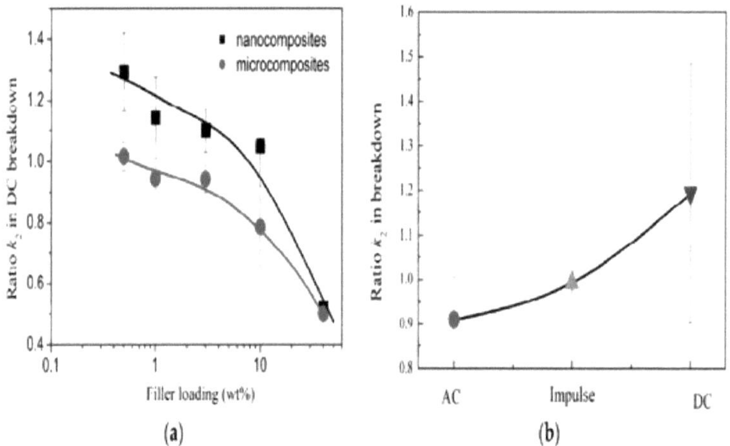

Relação k2 (a) na rutura eléctrica DC versus concentração de micro/nano cargas e (b) de nano-compósitos na rutura eléctrica dependendo da tensão AC e DC aplicada [151]).

3.7.1.7. Resistência ao rasto

Em aplicações de alta tensão, especialmente em isoladores poliméricos exteriores, surgem fenómenos de rastreio, o que significa a formação de um caminho condutor permanente através da superfície do isolador devido à erosão da superfície sob tensão. Durante o serviço, os isoladores poliméricos exteriores são revestidos de poeira, humidade ou impurezas ambientais, levando à formação de um caminho condutor na sua superfície. Quando é aplicada uma tensão, este caminho começa a conduzir, resultando na geração de calor e na ocorrência de faíscas, que danificam a superfície do isolador. Devido ao facto de os polímeros serem materiais orgânicos, as regiões carbonizadas nos locais de faísca actuam como canais semicondutores ou condutores, resultando num aumento da tensão nessas regiões e no resto do material. Consequentemente, a temperatura aumenta na vizinhança dos canais e uma nova região é carbonizada. Como o processo é cumulativo, os canais aumentam com o tempo e a faixa carbonizada atravessa toda a distância, resultando numa falha do isolamento [159].

Uma abordagem comum para aumentar a resistência de rastreamento dos isoladores poliméricos, correspondendo a um aumento da vida útil do equipamento, é a introdução de microenchimentos inorgânicos na matriz polimérica. Nesta direção, Piah et al. [160] analisaram a resistência de rastreio através de observações experimentais dos valores das correntes de fuga e do desenvolvimento da pista de carbono de misturas de polietileno linear de baixa densidade e borracha natural (LLDPE/NR) com e sem cargas de ATH. Os resultados experimentais mostraram que o composto de 80% de LLDPE misturado com 20% de NR, sem ATH, parece ser o melhor composto com base no menor dano e no menor índice de degradação normalizado [160-163]

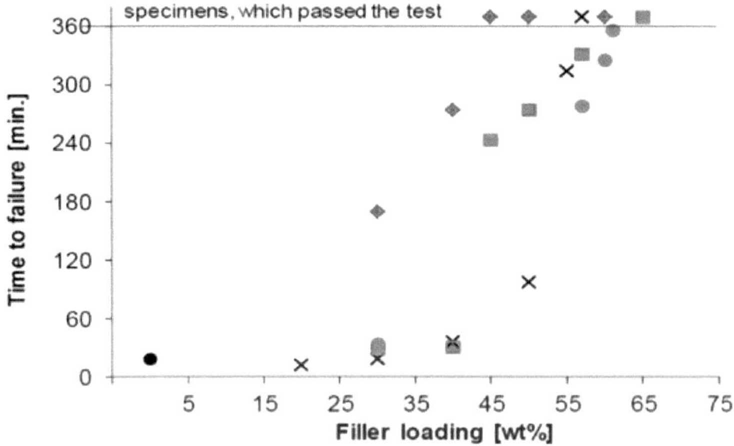

**Tempo médio até à rotura do material compósito do fornecedor
(cruzes), ATH moído modificado com 3,5 μm (quadrados), ATH
moído modificado com 3,5 μm (losangos) e partículas de SiO2
moídas modificadas à superfície (círculos) em
o ensaio de plano inclinado (IPT) a 6 kV com enchimento de
diferentes teores**

3.7.1.8. Resistência eléctrica da árvore

A propagação de árvores eléctricas representa uma das principais causas de rutura eléctrica do isolamento de equipamentos de alta tensão e de cabos eléctricos [164]. A fim de prolongar o tempo de vida do isolamento até à rutura, os materiais compósitos com barreiras e matriz polimérica envolvente são normalmente utilizados na engenharia de motores de potência. A influência das barreiras na propagação das árvores eléctricas foi analisada e foram realizados muitos estudos de investigação sobre o desenvolvimento de micro/nano-compósitos para resistência à rutura eléctrica em comparação com o polímero de base.

Ding et al. [165] analisaram o crescimento da árvore eléctrica em amostras, tais como resina epóxi Araldite sem enchimento e partículas de Al(OH)3 de tamanho micro, em diferentes concentrações que variam de 0 a 15 % em peso, como reforço para aumentar o tempo de rutura do material compósito. Concluiu-se que a adição de partículas de carga na resina epóxi poderia melhorar consideravelmente a resistência à rutura, aumentando o tempo da rutura eléctrica com o aumento das concentrações de carga [165].

Uehara et al. [166] analisaram as caraterísticas de crescimento e quebra de árvores de compósitos baseados em camadas de película de barreira polimérica moldadas num copolímero EVA, usando uma configuração agulha-plano e uma tensão AC. O campo elétrico era perpendicular às interfaces EVA/filme de barreira. Verificou-se que a película de barreira retarda o desenvolvimento da árvore eléctrica, que perfura a película, ou se desenvolve ao longo da borda da película.

Com base em resultados experimentais semelhantes, Christantoni et al. [167] simularam, com o auxílio de Autómatos Celulares (AC), a propagação de árvores eléctricas num sistema de isolamento constituído por resina epóxida e folhas de mica, que é afetado pela tensão aplicada, pela rigidez dieléctrica local e pela permissividade relativa do material envolvido. Os resultados da simulação indicaram que as barreiras de mica impedem a propagação das árvores eléctricas [167]. Iizuka et al. [144] analisaram dois tipos de nano-compósitos epóxi/SiO2, amostras Aerosil e Nano-pox, respetivamente, com o objetivo de clarificar o efeito da dispersão dos nano-fillers e dos agentes de acoplamento nas resistências das árvores eléctricas e na resistência à tensão.

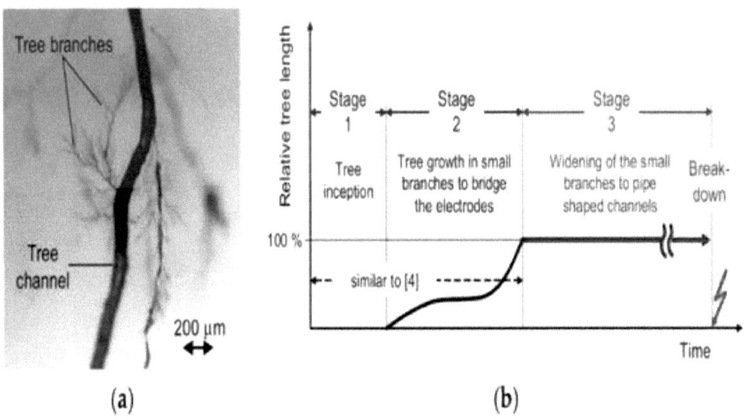

(a) Micrografias ópticas dos ramos da árvore e do canal e (b) fases de propagação da árvore eléctrica até à rutura final [164]).

3.7.1.9. Absorção de água

A presença de água absorvida pode ter efeitos indesejáveis na melhoria das propriedades eléctricas dos micro/nano-compósitos e estas influências foram analisadas por muitos investigadores [87]. Zhang et al. [168] analisaram o comportamento dielétrico na presença de humidade e secaram nano-compósitos constituídos por resina epóxida ou PE com diferentes concentrações de nanoAl2O3. No que diz respeito aos nano-compósitos de epóxi/Al2O3, não foram detectadas diferenças nas propriedades dieléctricas em comparação com o polímero não preenchido em condições secas. No entanto, as suas caraterísticas dieléctricas diferiram significativamente quando a água adsorvida atingiu 0,4% b.w. (peso corporal), que é a concentração normal que ocorre em exposição ambiente. Conclui-se que os sítios de absorção de água nos nano-compósitos epoxídicos aumentam em relação ao polímero sem enchimento, que não apresenta regiões de interface [168]. Dodd et al. [169] analisaram as propriedades dieléctricas na presença de humidade para dois tipos de sistemas de resina epoxídica bi-fenol-A, Araldite CY1301 e Araldite CY1311.

Tendo em conta este aspeto, a secagem das nanopartículas e da matriz em condições de vácuo ou a funcionalização da superfície das nanopartículas, que substitui os grupos hidroxilo da superfície e bloqueia fisicamente a chegada da água à superfície das partículas, devem ser passos necessários. A presença de água pode ter efeitos adicionais no comportamento dos nanocompósitos, levando a alterações no seu comportamento dielétrico [158,170].

3.7.2. Propriedades térmicas e mecânicas
3.7.2.1. Propriedades térmicas

Para melhorar o desempenho do equipamento elétrico de alta tensão, são necessários novos materiais de isolamento elétrico (com propriedades superiores) [134]. Uma questão importante é a necessidade de utilizar polímeros dieléctricos, como micro/nano-compósitos com condutividades térmicas mais elevadas, que tenham também excelente processabilidade e baixos custos.

Tendo em consideração todos estes aspectos, muitos modelos teóricos para calcular a condutividade térmica de um compósito foram propostos até agora, mas devido às influências complexas (dados inexactos de condutividade térmica intrínseca, forma, tamanho, distribuição e orientação das cargas), apenas alguns deles se ajustam muito bem aos dados experimentais [59]. Observou-se que, à medida que a condutividade térmica intrínseca das cargas aumenta, aparece um limite para a condutividade térmica do compósito, como na previsão teórica de Nielsen [171] para partículas esféricas (Figura) com fração de empacotamento 0,637 e os rácios de $\lambda p/\lambda m$ = 10, 20, 50, 100, 500 e 1000 (λp é a condutividade térmica intrínseca da carga e λm é a condutividade térmica do compósito) [59].

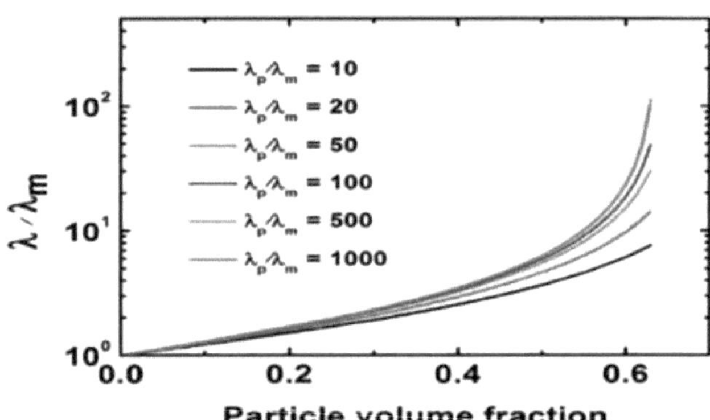

Previsão teórica da condutividade térmica relativa de compósitos.

Kochetov et al. [172] compararam diferentes modelos teóricos de previsão da condutividade térmica de um sistema bifásico com dados experimentais de partículas de nanoAlN e nanoBN distribuídas numa matriz de resina epóxida. Da Figura 38 concluiu-se que o modelo de

Agari&Uno foi o que melhor se correlacionou com os dados experimentais dos nano-compósitos analisados

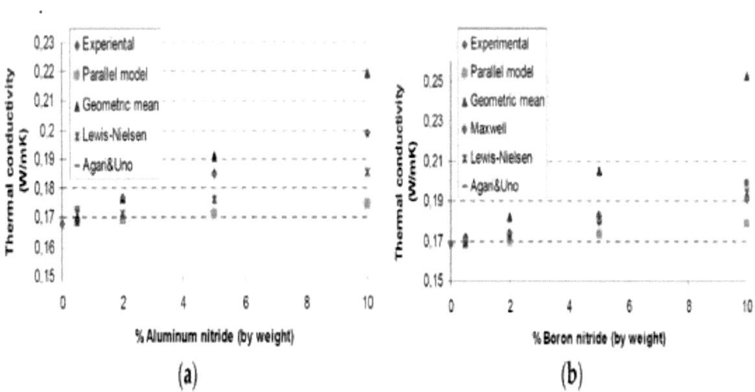

**Dados de condutividade térmica experimentais e previstos para (a) epóxi
resina/AlN e (b) compósitos de resina epóxida/BN a 18 °C [172]).**

Os processos de condução de calor em compósitos poliméricos baseiam-se em fonões. A resistência térmica interfacial deve-se às diferenças entre os espectros de fões das diferentes fases dos compósitos e à dispersão na interface entre estas fases [59]. Isto significa que uma grande área interfacial pode causar uma grande dispersão de fões e uma baixa condutância térmica. Assim, espera-se que a condutividade térmica dos compósitos poliméricos aumente com o aumento do tamanho das partículas para uma determinada carga de enchimento. Han et al. [173] mostraram na Figura que as condutividades térmicas de todos os compósitos analisados aumentam com o aumento da concentração de BN e que não há diferença distinta entre BN-Micro, BN-Meso e BN-Nano. Estes resultados sugerem que o tamanho do BN não é necessariamente crucial para a condutividade térmica dos compósitos epóxi/endurecedor/enchimento em concentrações baixas a moderadas, uma vez que os tamanhos destes BNs são muito diferentes [173].

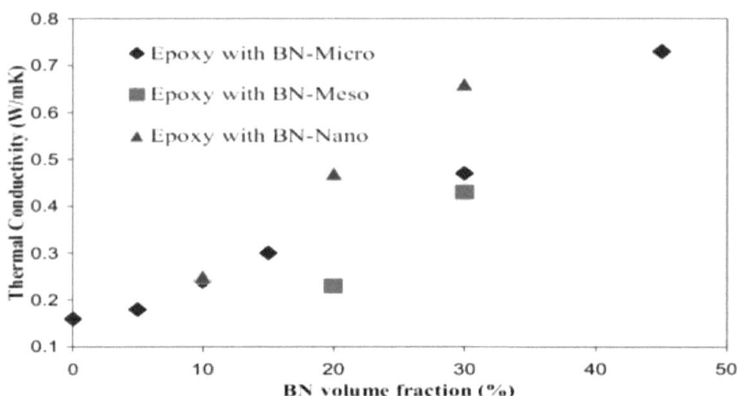

**As condutividades térmicas dos compósitos epoxídicos preenchidos com
BN-Micro, BN-Meso e BN-Nano [173]).**

Em geral, a elevada condutividade térmica de um compósito é conseguida quando se formam no material vias de condução térmica (rede de percolação). Foi referido que a condutividade térmica foi melhorada para o nano-compósito de PI preenchido com nanopartículas revestidas em comparação com o PI puro e o micro-compósito de PI (Figura) [174].

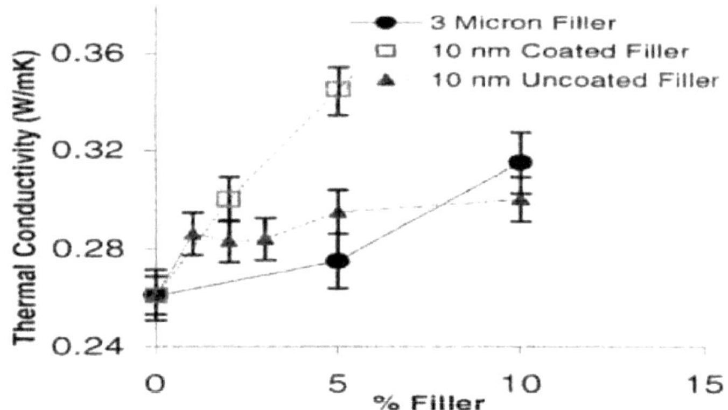

**Condutividade térmica em função das caraterísticas de
concentração do material de enchimento
para PI puro, microcompósitos de PI e nanocompósitos de PI
nanopartículas não revestidas e revestidas) [174]).**

A condutividade térmica dos nano-compósitos não pode ser completamente determinada pelo tamanho, concentração, dispersão, rácio de aspeto ou orientação das partículas na matriz polimérica [59]. Xu et al. [175] mostraram na Figura 41 que o tratamento de superfície de BN com acetona, silano, ácido nítrico (HNO3) ou ácido sulfúrico (H2SO4), resultou em compósitos epóxi com condutividade térmica aumentada. O maior aumento foi dado pela modificação com silano e o menos eficaz foi obtido com partículas tratadas com acetona.

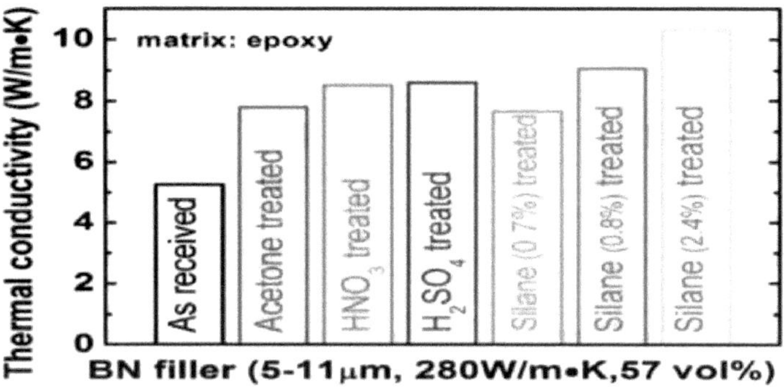

Efeito de vários tratamentos de superfície na condutividade térmica de compósitos epoxídicos/BN de [59]).

Nos últimos anos, foram feitos progressos significativos na investigação de micro/nanocompósitos dieléctricos de elevada condutividade térmica. Com base nos documentos e discussões com numerosos fabricantes de equipamentos, existe um forte interesse em melhorar a condutividade térmica com vários objectivos, tais como:

- temperatura de funcionamento mais baixa;
- vida útil mais longa;
- aumento da tensão de funcionamento sem aumento da temperatura do ponto quente;
- redução da construção de muros, etc

Foram propostos vários métodos de melhoramento, desde resinas sem solventes até à modificação do isolamento com modificadores de elevada transferência térmica [176].

3.7.2.2. Propriedades mecânicas

Os compósitos poliméricos utilizados na produção de sistemas de isolamento de alta tensão, aplicados em máquinas eléctricas, geradores, equipamento elétrico, etc., são frequentemente sujeitos a vibrações/abrasão constantes por forças magnéticas de frequência de potência e a elevadas tensões de corte em condições de carga térmica rápida [177]. No entanto, o estado da arte dos isolamentos compósitos refere que estas tensões mecânicas conduzem a efeitos de vazios/iniciação de fendas ou delaminação com subsequente descarga eléctrica e falha catastrófica.

Yasmin et al. [178] investigaram compósitos baseados em resina epóxi (éter diglicidílico de bisfenol A curado com anidrido, DGEBA) reforçados com 2,5 a 5 % em peso de grafite. Concluiu-se que a resistência à tração e o módulo de elasticidade dos compósitos aumentam com a adição de cargas, e que ocorre uma aglomeração de cargas com uma concentração de 5 % em peso de cargas. Yang et al. [179] estudaram as propriedades mecânicas de   110g compósitos baseados em PP preenchidos com 10, 20, 30 e 40 wt % de farinha de casca de arroz. Em 2005, Lam et al. [180] investigaram experimentalmente as propriedades mecânicas e térmicas de compósitos de resina epóxi preenchidos com nanoargila. As superfícies de fratura observadas por técnicas microscópicas revelaram que o tamanho dos aglomerados variava com a concentração de nanoargila nos materiais nano-compósitos. Ray et al. [181] analisaram as propriedades mecânicas de compósitos de matriz de resina de viniléster preparados com 30-60% em peso de cinzas volantes. Verificou-se que as cinzas volantes aumentaram a rigidez e a resistência do compósito, mas a resistência mecânica foi reduzida com um teor de carga elevado.

Mais tarde, em 2009, Gao et al. [182] caracterizaram o desempenho mecânico de nanocompósitos à base de PS com nanoCaCO3. Os ensaios de tração e de tração compacta mostraram que a resistência e a tenacidade do PS estavam a diminuir após a adição de partículas de nanoCaCO3, o que pode ser explicado pelos defeitos induzidos pela descolagem interfacial e pelas aglomerações de nano-cargas. Asi [183] investigou as propriedades mecânicas de compósitos epoxídicos reforçados com fibra de vidro preenchida com Al2O3. Os resultados demonstraram que a resistência à tração e a resistência ao cisalhamento dos compósitos diminuíram com o aumento do teor de partículas de Al2O3, enquanto a resistência à flexão aumentou até 10 % em peso de razão de carga e diminuiu com razões mais elevadas.g

Zaman et al. [184] estudaram os compósitos i-PP micro e nano preenchidos com ZnO com concentrações de carga entre 2 e 8 wt %. Os ensaios de tração mostraram que a resistência à tração no rendimento e o módulo de tração dos compósitos tendiam a aumentar com o aumento do conteúdo de partículas de microZnO/nanoZnO. Os compósitos com nanopartículas proporcionaram melhores propriedades mecânicas em comparação com os compósitos com micropartículas para a mesma concentração de carga. Concluiu-se que a dispersão das partículas era óptima com um teor de carga de 5% em peso, uma vez que as imagens morfológicas e a dispersão das nanopartículas de carga eram melhores, o que levou a uma maior adesão interfacial entre a matriz e as cargas. Ibrahim et al. [185] investigaram compósitos baseados em cinzas de óleo de palma (OPA) como carga em poliéster insaturado, em diferentes concentrações entre 10 e 30 vol %.

Em 2013, Agubra et al. [186] analisaram os efeitos da dispersão de nanoargilas em compósitos epóxi de fibra de vidro nas propriedades mecânicas. Concluiu-se que a elevada viscosidade do compósito gera problemas de homogeneidade devido à aglomeração das cargas. Chuhan et al. [187] investigaram os efeitos do tamanho e da carga da carga no desempenho mecânico e tribológico de compósitos de viniléster preenchidos com cenosfera. O trabalho revelou que o desempenho mecânico e tribológico pode ser melhorado, e os valores óptimos foram obtidos com um teor de carga de 6 wt %. Sayer [188] concluiu que o módulo de elasticidade e a capacidade de carga dos compósitos baseados em compósitos de resina epóxida reforçada com vidro aumentavam com a adição de cargas cerâmicas, tais como SiC, Al2O3 e carboneto de boro (B4C). Sudheer et al. [189, 190] estudaram as caraterísticas mecânicas e tribológicas de compósitos epoxídicos reforçados com titanato de potássio (PTW).

Ozsoy et al. [191] estudaram a influência de micro cargas (entre 10 e 30 % em peso de Al2O3, TiO2 e cinzas volantes) e nano cargas (entre 2,5 e 10 % em peso de Al2O3, TiO2 e argila) no comportamento mecânico de compósitos à base de epóxi. A figura mostra a resistência à tração versus o teor de carga em micro/nano-compósitos à base de resina epóxi.

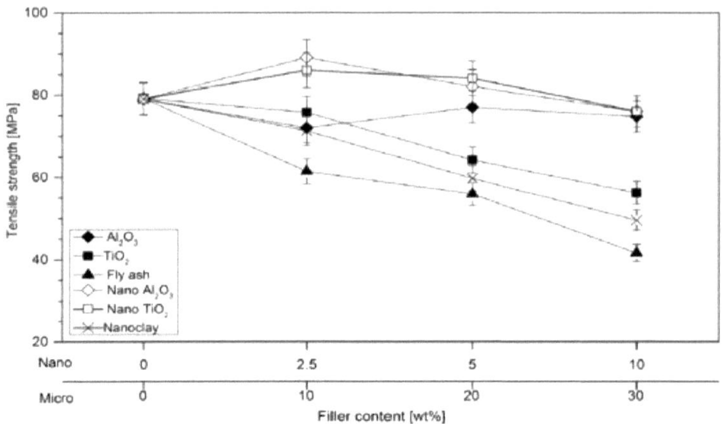

**Resistência à tração de micro/nano-compósitos à base de resina epoxídica
versus teor de carga [191]).**

A figura ilustra o módulo de tração em função do teor de carga em micro/nano-compósitos à base de resina epoxi. Observou-se que o módulo de tração dos compósitos à base de epóxi aumentava com o aumento da concentração de carga, o que foi atribuído ao facto de as micro e nano cargas aumentarem a rigidez do polímero [191]. A figura descreve o alongamento na rutura versus o teor de carga em micro/nano-compósitos à base de resina epóxi. É evidente que o alongamento na rutura diminui com o aumento da concentração de carga distribuída na base epoxídica, devido ao facto de as cargas imporem à matriz um comportamento frágil [191].

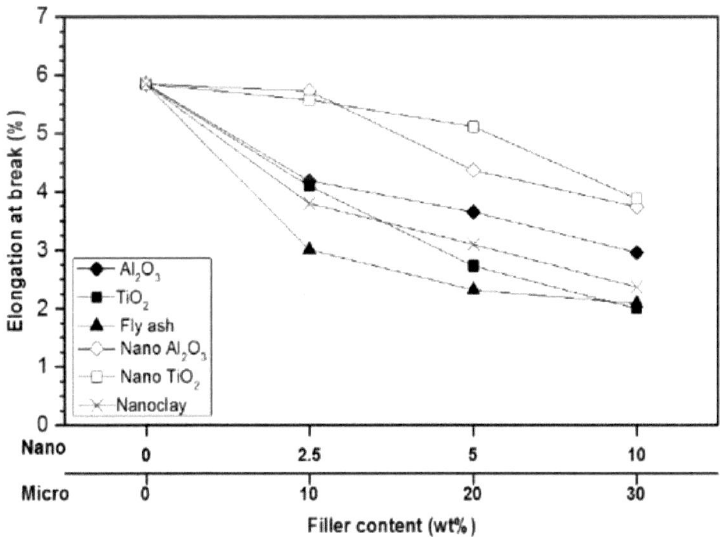

Alongamento na rutura em micro/nano-compósitos à base de resina epóxi versus teor de carga [191]).

Ozsoy et al. [191] atribuíram a diminuição da resistência à tração dos microcompósitos a altas concentrações de carga à fraca adesão entre a matriz epoxídica e as partículas. Em termos de nanocompósitos, a queda na resistência mecânica foi associada à distribuição não homogénea das cargas em concentrações mais elevadas, o que levou a aglomerações e causou regiões de concentração de tensões. No que respeita aos compósitos epoxídicos nano-argilosos, mesmo com baixos teores de carga, a diminuição da resistência está relacionada com problemas de aglomeração [191]. A queda no alongamento na rutura devido à adição de carga inorgânica foi atribuída principalmente às propriedades elásticas do compósito, que dependem das propriedades da matriz polimérica. N

3.8. Tendências futuras

A evolução futura dos materiais à base de polímeros em aplicações eléctricas reflectirá os avanços mais recentes

- na preparação e aplicação de novos materiais de enchimento à escala nanométrica (ou seja, grafeno);
- na conceção de materiais de matriz polimérica funcionais e sensíveis a estímulos

(ou seja, conceitos de auto-cura) e
- em novas técnicas de produção (por exemplo, fabrico aditivo).

Embora os trabalhos anteriores sobre compósitos à base de polímeros sejam fortemente impulsionados pela necessidade de materiais com propriedades eléctricas e termomecânicas melhoradas e de produção barata, os conceitos avançados de materiais e as técnicas inovadoras de processamento abrem a janela para concepções de produtos e processos completamente novos (ou seja, eletrónica flexível, super-capacitores).

3.8.1. Materiais nano-híbridos à base de grafeno

Desde o trabalho pioneiro de Geim et al., que identificaram com êxito camadas únicas de grafeno em 2004, a folha plana de um átomo de espessura de átomos de carbono ligados entre si por sp2 tem merecido uma enorme atenção [192]. Devido à sua elevada condutividade eléctrica, flexibilidade mecânica, transparência ótica, condutividade térmica e baixo coeficiente de expansão térmica, o grafeno tem sido recentemente utilizado na preparação de nanocompósitos à base de polímeros. Vários estudos revelam que apenas é necessário um teor muito baixo de grafeno para melhorar o desempenho do material (ou seja, elevada resistência e módulo) dos nanocompósitos à base de polímeros [193-195].

As tendências actuais da investigação sobre materiais nano-híbridos com grafeno indicam que os compósitos à base de grafeno desempenham um papel crucial no fabrico de eletrónica flexível, super-capacitores e dispositivos de armazenamento de energia [197-199]. Além disso, em comparação com o grafeno puro, a estabilidade eletroquímica dos compósitos poliméricos à base de grafeno é superior [200]. Sangermano et al. [199] demonstraram com êxito a preparação de compósitos à base de epóxi curáveis por UV contendo plaquetas de grafeno distribuídas uniformemente. Os compósitos curados foram caracterizados por valores elevados de Tg e um módulo de armazenamento melhorado a alta temperatura [201]. Juntamente com o fabrico de revestimentos poliméricos à base de grafeno, que apresentam uma elevada transparência ótica e uma excelente flexibilidade, Sangermano et al. também desenvolveram tintas de jato de tinta contendo óxido de grafeno para o fabrico de dispositivos microelectrónicos [202,203].

O óxido de grafeno é frequentemente utilizado como precursor para a síntese de grafeno processável e é obtido a partir de grafite natural por diferentes métodos. A técnica mais proeminente é o método Hummers modificado [204,205]. As superfícies de óxido de grafeno são altamente oxigenadas e apresentam várias funcionalidades de oxigénio (ou seja, grupos hidroxilo, epóxido, cetona e carboxílico). Em função da composição da superfície, a solubilidade do óxido de grafeno em água e em solventes orgânicos pode ser alterada [193, 206,207].

A preparação de nanocompósitos de epóxi/grafeno é um campo de investigação em rápido crescimento, o que se reflecte no forte aumento de publicações neste domínio [208]. A preparação de compósitos de grafeno à base de epóxi, com melhor desempenho mecânico, maior condutividade eléctrica e condutividade térmica, tem merecido maior atenção. Numerosos estudos demonstram que a dispersão do grafeno desempenha um papel importante nas propriedades finais dos nano-compósitos [209-212].

3.8.2. Compósitos poliméricos auto-regeneráveis

Nos últimos anos, a preparação de polímeros auto-regeneráveis que recuperam as suas propriedades físicas e mecânicas após a formação de fissuras ou outros danos mecânicos está também a merecer uma atenção crescente na conceção de compósitos poliméricos funcionais [213]. Os polímeros cicatrizáveis cicatrizam normalmente em resposta a um estímulo ou a um estímulo externo (isto é, calor, luz e alteração do valor de pH) e, em princípio, são explorados dois mecanismos de cicatrização diferentes. Em termos de polímeros autonomamente cicatrizáveis, as propriedades do material são recuperadas sem um estímulo externo, ao passo que, no que diz respeito aos polímeros reparáveis ou cicatrizáveis, é necessário um estímulo externo para cicatrizar [214, 215]. No que se refere à conceção de materiais à base de epóxi cicatrizáveis, uma via de preparação proeminente envolve a aplicação de agentes de reparação microencapsulados. Diferentes agentes de reparação, incluindo monómeros, endurecedores (i.e., tióis polifuncionais), catalisadores (i.e., um complexo de brometo de cobre (II) (CuBr2) com quatro unidades de 2-metil imidazol) são encapsulados para assegurar uma separação espacial destes componentes reactivos do material a granel [216-218]. Estes desenvolvimentos de materiais poliméricos auto-regenerativos apresentam interesse para sistemas de isolamento elétrico, que poderiam conferir funcionalidade auto-regenerativa numa grande variedade de aplicações eléctricas. As áreas de interesse particular referem-se aos cabos eléctricos subterrâneos e ao isolamento elétrico de componentes de alta tensão, uma vez que as falhas do equipamento são muito dispendiosas e, em geral, difíceis de detetar e prevenir [219-221].

3.9..Referências

[1].   Han, J.; Garrett, R. Visão geral dos nano-compósitos poliméricos como dieléctricos e

materiais de isolamento elétrico grandes máquinas rotativas de alta tensão. NSTI-
Nanotech 2008, 2, 727-732.

[2]. Matthews, F.L.; Rawlings, R.D. Visão geral. Em Composite Materials:
Engineering and Science, 2ª ed.; CRC Press, Woodhead Publishing
Limited: Cambridge, Reino Unido, 1999; pp. 1-28.

[3]. Wikipédia - A Enciclopédia Livre. Disponível em linha:
https://en.wikipedia.org/wiki/Nanocomposite (acedido em 9 de dezembro de 2015).

[4]. Tanaka, T.; Montanari, G.C.; Mülhaupt, R. Nano-compósitos de polímeros como
dieléctricos e isolamento elétrico - Perspectivas de tratamento
tecnologias, caraterização de materiais e aplicações futuras. IEEE Trans.
Dielectr. Electr. Insul. 2004, 11, 763-784.

[5]. Camargo, P.H.C.; Satyanarayana, K.G.; Wypych, F. Nanocomposites
Síntese, estrutura, propriedades e novas oportunidades de aplicação. Mater.
Res. 2009, 12, 1-39.

[6]. Nelson, J.K. Overview of nanodielectrics: Materiais isolantes do futuro.
In Proceedings of the Electrical Insulation Conference and Electrical
Manufacturing Expo, Nashville, TN, EUA, 22-24 de outubro de 2007; pp. 229-235.

[7]. Sheer, M.L. Advanced composites: A vanguarda do alto desempenho
isolamento de motores e transformadores. In Proceedings of the 20th Electrical
Conferência sobre Isolamento Eletrónico, Boston, MA, EUA, 7-10 de outubro de 1991.

[8]. ATTAR Advanced Technology Testing and Research. Disponível em linha:
http://www.attar.com.au/materials-engineering.aspx (acedido em 5 de novembro de 2015).

[9]. Stone, G.C.; Boulter, E.A.; Culbert, I.; Dhirani, H. Desenvolvimento histórico
de materiais e sistemas de isolamento. Em Isolamento elétrico para sistemas rotativos
Máquinas - Projeto, Avaliação, Envelhecimento, Ensaios e Reparação, 1ª ed;

Kartalopoulos; Wiley-IEEE Press: Piscataway, NJ, EUA, 2004; pp. 73-94.

[10]. Pyrhönen, J.; Jokinen, T.; Hrabovcová, V. Isolamento de máquinas eléctricas.
Em Design of Rotating Electrical Machines, 2ª ed.; John Wiley & Sons Ltd:
West Sussex, Reino Unido, 2014; pp. 429-455.

[11]. Notingher, P.V. Capítulo 23. Em Materiais para Eletrotécnica; Politécnica
Imprensa: Bucareste, Roménia, 2005; Volume 2, pp. 157-170.

[12]. Park, J.J. AC Caraterísticas de rutura eléctrica de um sistema epóxi/mica
composto. Trans. Electr. Electron. Mater. 2012, 13, 200-203.

[13]. Lenko, D.; et al. (2-015). Laminados flexíveis de borracha epóxi-silicone para alta
isolamentos de tensão com maior resistência à delaminação. Polímero.
Compos. 2015, 36, 2238-2247.

[14]. Schlögl, S.; Lenko, D. Isolamentos de alta tensão com delaminação melhorada
resistência. Rubber Fibres Plast. Int. 2015, 10, 260-261.

[15]. Kojima, Y.; et al. One-pot synthesis of nylon 6-clay hybrid. J. Polym. Sci.
Pt. A 1993, 31, 1755-1758.

[16]. Lewis, T.J. Nanometric Dielectrics. IEEE Trans. Dielectr. Electr.Insul.
1994, 1, 812-825.

[17]. Frechette, M.F.; et al. Introductory remarks on nanodielectrics. Em
Conferência sobre Isolamento Elétrico e Fenómenos Dieléctricos, 2001 Anual
Relatório, Kitchener, ON, Canadá, 14-17 de outubro de 2001; pp. 92-99.

[18]. Cao, Y.; Irwin, P.C.; Younsi, K. O futuro dos nanodielectrodos na indústria eletrotécnica.
indústria de energia eléctrica. IEEE Trans. Dielectr. Electr. Insul. 2004, 11, 797-807.

[19]. Johnston, D.R.; Markovitz, M. Corona-Resistant Insulation, Electrical
Condutores por eles abrangidos e máquinas dinamoeléctricas e
Transformadores que incorporam componentes de tais condutores isolados. EUA
Patente 4760296 A, 26 de julho de 1988,

[20].   Henk, P.O.; Kortsen, T.W.; Kvarts, T. Aumentar a descarga eléctrica
    resistência da resina epoxídica DGEBA curada com anidrido ácido por dispersão de
    nanopartículas de sílica. Alto desempenho. Polym. 1999, 11, 281-296.
[21].   Fothergill, J.C.; Dissado, L.A.; Nelson, J.K. Nanocomposite Materials for
    Dielectric Structures; EPSRC: Swindon, Reino Unido, 2002; pp. 1-6.
[22].   Nelson, J.K.; Fothergill, J.C. Internal charge behaviour in nanocomposites.
    Nanotecnologia 2004, 15, 586-595.
[23].   Tanaka, T.; Imai, T. Avanços em materiais nanodielectricos nos últimos 50 anos
    anos. IEEE Electr. Insul. Mag. 2013, 29, 10-23.
[24].   Tanaka, T.; et al. Propriedades dieléctricas de nano-compósitos XLPE/SiO2
    com base nos resultados do teste cooperativo CIGRE WG D1.24. IEEE Trans. Dielectr.
    Electr. Insul. 2011, 18, 1482-1517.
[25].   Krivda, A.; et al. Caracterização de microcompósitos de epóxi e
    materiais nanocompósitos para aplicações de engenharia de energia. IEEE Electr.
    Insul. Mag. 2012, 28, 38-51.
[26].   Castellon, J.; et al. Análise das propriedades eléctricas de micro e nano-componentes de
    materiais de resina epoxídica do local. IEEE Trans. Dielectr. Electr. Insul. 2011, 18.
[27].   Frechette, M.F.; et al. Introductory remarks on nanodielectrics. IEEE Trans.
    Dielectr. Electr. Insul. 2004, 11, 808-818.
[28].   Reed, C.W. Self-assembly of polymer nano-composites for dielectrics and
    Isolamento de alta tensão. Em Actas da Conferência Internacional do IEEE sobre
    Dieléctricos Sólidos, 2007. ICSD '07, Winchester, Reino Unido, 8-13 de julho de 2007.
[29].   Nelson, J.K. Background, principles and promise of nanodielectrics.
    Em Dielectric Polymer Nanocomposites; Nelson, J.K., Ed.; Springer: New
    York, NY, EUA, 2010; pp. 1-30.

[30]. Andritsch, T.; et al. Resistência à rutura DC a curto prazo em BN
nano e microcompósitos. Em Actas da Conferência Internacional
on Solid Dielectrics (ICSD), Postdam, Alemanha, 4-9 de julho de
2010; pp. 1-4.
[31]. Wang, Q.; Chen, G. Efeito dos nanoenchimentos nas propriedades
dieléctricas de
nanocompósitos epoxídicos. Adv. Mater. Res. 2012, 1, 93-107.
[32]. Singha, S.; Thomas, M.J. Dielectric properties of epoxy
nanocomposites.
IEEE Trans. Dielectr. Electr. Insul. 2008, 15, 12-23.
[33]. Tanaka, T. Nanocompósitos dieléctricos com propriedades
isolantes. IEEE
Trans. Dielectr. Electr. Insul. 2005, 12, 914-928.
[34]. Singha, S.; Thomas, M.J. Redução da permissividade em nano-
epóxi
compósitos com baixas cargas de nano-enchimento. Em Actas da
Conferência sobre
Isolamento Elétrico e Fenómenos Dieléctricos (CEIDP), Quebeque,
QC,
Canadá, 26-29 de outubro de 2008; pp. 726-729.
[35]. Kadhim, M.J.; Abdullah, A.K.; Al-Ajaj, I.A.; Khalil, A.S. Dielectric
propriedades dos nanocompósitos epóxi/Al2O3. Int. J. Appl.
Innov. Eng.
Manag. 2014, 3, 468-477.
[36]. Castellon, J.; Agnel, S.; Toureille, A.; Frechette, M. Carga espacial
caraterização de microcompósitos multiestressados com nano-
enchimento de epóxi para
aplicações electrotécnicas. Em Actas da Conferência sobre
Eletricidade
Isolamento e fenómenos dieléctricos (CEIDP), Quebeque, QC,
Canadá, 26-29
outubro de 2008; pp. 532-535.
[37]. Andritsch, T. Epoxy Based Nanodielectrics for High Voltage DC-
Application-
tions-Síntese, propriedades dieléctricas e dinâmica de cargas
espaciais. Doutoramento.
Tese, Universidade de Tecnologia de Delft, Delft, Países Baixos,
2010.
[38]. Magraner, F.; et al. Medições da carga espacial em diferentes
resinas epoxídicas
nanocompósitos de alumina. Em Actas da Conferência
Internacional sobre

Solid Dielectrics (ICSD), Potsdam, Alemanha, 4-9 de julho de 2010; pp. 1-4.

[39]. Stancu, C.; et al. Cálculo do campo elétrico no isolamento de cabos na
presença de árvores de água e carga espacial. IEEE Trans. Appl. 2009, 45, 30-43.

[40]. Dissado, L.A.; Mazzanti, G.; Montanari, G.C. O papel do espaço retido
cargas no envelhecimento elétrico de materiais isolantes. IEEE Trans. Dielectr.
Electr. Insul. 1997, 4, 496-506.

[41]. Fabiani, D.; et al. Space charge dynamics in nanostructured epoxy resin. Em
Proc. da Conferência sobre Isolamento Elétrico e Fenómenos Dieléctricos,
CEIDP, Quebec, QC, Canadá, 26-29 de outubro de 2008; pp. 710-713.

[42]. Gröpper, P.; et al. Nanotecnologia em sistemas de isolamento de alta tensão para
Grandes máquinas eléctricas - primeiros resultados. Water Energy Int. 2013, 70.

[43]. Gröpper, P.; Meichsner, C.; Ritberg, I. Isolamento para sistemas eléctricos rotativos
Máquinas. Patente n.º WO2012013439 A1, 2012.

[44]. Gröpper, P.; Gruebel, A.; Jablonski, V.; Ritberg, I. Isolamento com
Resistência à descarga parcial. Patente n.º DE 10/2010/032949 A1, 2012.

[45]. Lee, G.W.; Park, M.; Kim, J.; Lee, J.I.; Yoon, H.G. Enhanced thermal
condutividade de compósitos poliméricos preenchidos com carga híbrida. Compos.
A 2006, 37, 727-734.

[46]. Zweifel, P.; Fennessey, S.F. Thermal conductivity of reinforced composites
para aplicações eléctricas. Em Proceedings of the IEEE International Sympo-
sium on Electrical Insulation (ISEI), San Diego, CA, EUA, 6-9 de junho de 2010.

[47]. Zhang, C.; et al. Effects of micro and nano fillers on electrical and thermal
propriedades da resina epoxi. In Proceedings of the 10th International Electrical

Insulation Conf. (INSUCON), Birmingham, Inglaterra, 24-26 de maio de 2006.

[48]. Kochetov, R.; et al. Modelo trifásico de Lewis-Nielsen para a condutividade de nanocompósitos poliméricos. Em Actas da Conferência sobre isolamento elétrico e fenómenos dieléctricos (CEIDP), Cancun, México, 16-19 de outubro de 2011; pp. 338-341.

[49]. Murata, Y.; et al. Desenvolvimento de um sistema de cabos DC-XLPE de alta tensão. SEI Tech. Rev. 2013, 55-62.

[50]. Tanaka, T.; et al. Dieléctricos nanocompostos emergentes. Electra 2006, 226, 24-32.

[51]. Lee, T.H.; et al. Estado de desenvolvimento do cabo DC XLPE na Coreia. Em Actas da Sessão CIGRE, Paris, França, 24-29 de agosto de 2014.

[52]. Zaccone, E. Capítulo 2, Cabos inovadores. Em Advanced Technologies for Future Transmission Grids; Migliavacca, G., Ed.; Springer: Londres, Reino Unido, 2013; pp. 39-84.

[53]. Lau, K.Y.; Vaughan, A.S.; Chen, G. Nanodielectrics: Opportunities and desafios. IEEE Electr. Insul. Mag. 2015, 31, 45-54.

[54]. Xanthos, M. Capítulo 1, Polímeros e compósitos poliméricos. Em Functional Fillers for Plastics, 2ª ed.; Xanthos, M., Ed.; Wiley-VCH Verlag GmbH & Co. KGaA: Weinheim, Alemanha, 2010; pp. 1-18.

[55]. Notingher, P.; Panaitescu, D.; Paven, H.; Chipara, M. Algumas caraterísticas de compósitos de polímeros condutores com fibras de aço inoxidável. J. Optoelectron. Adv. Mater. 2004, 6, 1081-1084.

[56]. Marquis, M.D.; et al. Properties of nanofillers in polymer. Em Nanocompo- e polímeros com métodos analíticos. Methods; Cuppoletti, J., Ed.; InTech: Rijeka, Croácia, 2011; pp. 261-284.

[57]. Okutan, E.; et al. Síntese e caraterização de materiais solúveis de paredes múltiplas

compósitos de nanotubos de carbono/poli(organofosfazeno). Polymer 2011, 52,
1241-1248.

[58]. Malwela, T.; Ray, S.S. Morfologia única de partículas de argila dispersas num
nanocompósito de polímero. Polymer 2011, 52, 1297-1301.

[59]. Huang, X.; Jiang, P.; Tanaka, T. Uma revisão dos compósitos de polímeros dieléctricos
com elevada condutividade térmica. IEEE Electr. Insul. Mag. 2011, 27, 8-16.

[60]. Prato, M. Materials chemistry: Reacções controladas de nanotubos. Natureza
2010, 465, 172-173.

[61]. Hong, R.Y.; Chen, Q. Dispersão de nanopartículas inorgânicas em polímeros
matrizes: desafios e soluções. Em Híbridos Orgânico-Inorgânicos Nanomaterials; Kalia, S., Haldorai, Y., Eds.; Springer International Publishing: Berlin Heidelberg, Alemanha, 2015; pp. 1-38. [Google Scholar]

[62]. Plesa, I.; et al. A influência da modificação da superfície na resistência eléctrica
propriedades de flocos de carboneto de silício. Em Actas da 9ª Conferência Internacional de
Simpósio sobre Tópicos Avançados em Engenharia Eléctrica (ATEE),
Bucareste, Roménia, 7-9 de maio de 2015; pp. 460-463.

[63]. Anyszka, R.; Bielinski, D.M.; Pedzich, Z.; Szumera, M. Influência de
montmorilonites modificadas à superfície nas propriedades de produtos à base de borracha de silicone
compósitos ceramizáveis. J. Therm. Anal. Calorim. 2015, 119, 111-121.

[64]. Tayfun, U.; et al. Propriedades mecânicas, de fluxo e eléctricas de materiais termoplásticos
compósitos de poliuretano/fullereno: Efeito da modificação da superfície de
fulereno. Compos. Part B Eng. 2015, 80, 101-107.

[65]. Xu, T.; Yang, J. Efeitos da modificação da superfície de MWCNT na
propriedades mecânicas e eléctricas do fluoroelastómero/MWCNT nanocompósitos. J. Nanomater. 2012, 2012, 1-9.

[66]. Ma, D.; et al. Influência da modificação da superfície das nanopartículas na

comportamento de nanocompósitos de polietileno. Nanotecnologia 2005, 16, 724.

[67]. Peng, S.; He, J.; Hu, J. Influência da modificação da superfície na propriedades dos nanocompósitos de polietileno SiO2. Em Proceedings of the

IEEE 11ª Conferência Internacional sobre as Propriedades e Aplicações de Dielectric Materials (ICPADM), Sydney, Austrália, 19-22 de julho de 2015; pp. 372-375.

[68]. Jölly, I.; et al. Chemical functionalization of composite surfaces for impro-

vedar reparações estruturais . Compos. Part B Eng. 2015, 69, 296-303.

[69]. Dalian Sibond Intl Trade Co., Ltd. Disponível em linha: http://www.sibond.com/coupling_agent.htm (acedido em 2 de dezembro de 2015).

[70]. Rong, M.Z.; et al. Polimerização de enxertos por irradiação em materiais nano-inorgânicos partículas: Um meio eficaz de conceber nanocompósitos à base de polímeros. J. Mater. Sci. Lett. 2000, 19, 1159-1161.

[71]. Rong, M.Z.; et al. Polimerização de enxertos por irradiação em materiais nano-inorgânicos partículas: Um meio eficaz de conceber nanocompósitos à base de polímeros. J. Mater. Sci. Lett. 2000, 19, 1159-1161.

[72]. Uyama, Y.; Kato, K.; Ikada, Y. Modificação da superfície de polímeros por enxertia. Em enxertos/técnicas de caraterização/modelação cinética. Avançar. Polym. Sci. 1998, 137, 1-39.

[73]. Kickelbick, G. Capítulo 1, Introdução aos materiais híbridos. Em Hybrid Materiais, Síntese, Caracterização e Aplicações, Ed.; Wiley-VCH Verlag GmbH & Co. KGaA: Weinheim, Alemanha, 2007; pp. 1-48.

[74]. O'Connor, K.A.; Curry, R.D. Modelação electromagnética tridimensional de materiais dieléctricos compósitos. Em Proceedings of the IEEE Pulsed Power Conferência (PPC), Chicago, CA, EUA, 19-23 de junho de 2011; pp. 274-279.

[75].   Ciuprina, F.; et al. Modelo eletrostático de nanodielectrodos de LDPE-SiO2. Em

Actas da Conferência Internacional do IEEE sobre Dieléctricos Sólidos

(ICSD), Bolonha, Itália, 30 de junho-4 de julho de 2013; pp. 876-879.

[76].   Tanaka, T.; et al. Proposta de um modelo multi-core para nanocompósitos de polímeros.

dieléctricos do local. IEEE Trans. Dielectr. Electr. Insul. 2005, 12, 669-681.

[77].   Tsagaropoulos, G.; Eisenberg, A. Estudo mecânico dinâmico dos factores

que afectam o comportamento das duas transições vítreas dos polímeros preenchidos. Semelhanças

e diferenças com ionómeros aleatórios. Macromoléculas 1995, 28.

[78].   Pitsa, D.; Danikas, M.G. Interfaces features in polymer nanocomposites: A

revisão dos modelos propostos. Nano Brief Rep. Rev. 2011, 6, 497-508.

[79].   Lewis, T.J. Interfaces: Nanometric dielectrics. J. Phys. D Appl. Phys. 2005,

38, 202-212.

[80].   Seiler, J.; Kindersberger, J. Insight into the interphase in polymer Nanoco-

mposites. IEEE Trans. Dielectr. Electr. Insul. 2014, 21, 537-547.

[81].   Danikas, M.G. On two nanocomposite models: Diferenças, semelhanças e

possibilidades de interpretação do modelo de Tsagaropoulos e do modelo de Tanaka

modelo. J. Electr. Eng. 2010, 61, 241-246.

[82].   Danikas, M.G.; et al. A review of two nanocomposite insulating materials

modelos: O contributo de Lewis para o desenvolvimento dos modelos, a sua

diferenças, as suas semelhanças e os desafios futuros. Eng. Technol. Aplic.

Sci. Res. 2014, 4, 636-643.

[83].   Ciuprina, F.; et al. Propriedades dieléctricas de nanodielectrodos com

cargas. In Proceedings of the Conference on Electrical Insulation and

Fenómenos Dieléctricos (CEIDP), Quebec, QC, Canadá, 26-29 de outubro de 2008.

[84].   Plesa, I. Influência de cargas inorgânicas nas propriedades dieléctricas de
Nano-compósitos poliméricos à base de polietileno. Tese de doutoramento, Politehnica
Universidade de Bucareste, Bucureşti, Roménia, fevereiro de 2012.
[85].   Raetzke, S.; Kindersberger, J. Role of interphase on the resistance to high-
sobre o rastreio e a erosão de nano-compósitos de silicone/SiO2.
IEEE Trans. Dielectr. Electr. Insul. 2010, 17.
[86].   Andritsch, T.; et al. Proposta de um modelo de alinhamento de cadeias poliméricas. Em
Actas da Conferência sobre Isolamento Elétrico e Dielétrico
Phenomena (CEIDP), Cancun, México, 16-19 de outubro de 2011; pp. 624-627.
[87].   Zou, C.; et al. Efeito da absorção de água nas propriedades dieléctricas de
nanocompósitos epoxídicos. IEEE Trans. Dielectr. Electr. Insul. 2008, 15.
[88].   Congresso dos EUA, Gabinete de Avaliação Tecnológica. Capítulo 3, Polymer
compósitos de matriz. Em Advanced Materials by Design; Gibbons, J.H., Ed;
U.S. Gov. Printing Office: Washington, DC, EUA, junho de 1988; pp. 73-95.
[89].   Li, S.; et al. Nano-compósitos de polímeros e nanopartículas inorgânicas para
aplicações ópticas e magnéticas. Nano Rev. 2010, 1, 1-19.
[90].   Oliveira, M.; Machado, A.V. Preparação de Nano-
compósitos por diferentes rotas. Em e-book Nanocompósitos: Síntese,
Caracterização e Aplicações; Wang, X., Ed.; NOVA Publishers: Nova
York, NY, EUA, 2013; pp. 1-22.
[91].   Singh, N.B.; Rai, S.; Agarwal, S. Nano-compósitos de polímeros e Cr(VI)
da água. Nanosci. Technol. 2014, 1, 1-10.
[92].   Tanahashi, M. Desenvolvimento de métodos de fabrico de materiais de enchimento/polímeros
nanocompósitos: Com destaque para uma abordagem simples baseada na fusão-composição
sem modificação da superfície dos nanoenchimentos. Materiais 2010, 3, 1593-1619.

[93]. Cui, Y.; Kumar, S.; Konac, B.R.; van Houckec, D. Propriedades de barreira a gases de
nanocompósitos de polímero/argila. RSC Adv. 2015, 5, 63669-63690.

[94]. Tuncer, E.; Sauers, I. Industrial applications perspective of nanodielectrics.
Em Dielectric Polymer Nanocomposites; Nelson, J.K., Ed.; Springer: New
York, NY, EUA, 2010; pp. 321-338.

[95]. Lalankere, G. Opportunities and challenges of employing composite Material na indústria de aparelhagem eléctrica. Em Actas da 20ª Conf. Internacional de
Distribuição de Eletricidade (CIRED), Praga, República Checa, 8-11 de junho de 2009.

[96]. Boulter, E.A.; Stone, G.C. Desenvolvimento histórico do rotor e do estator
materiais e sistemas de isolamento de enrolamentos. IEEE Electr. Insul.
Mag. 2004, 20, 25-39.

[97]. Janssen, H.; et al. Fenómenos interfaciais em compósitos de alta tensão
isolamento. IEEE Trans. Dielectr. Electr. Insul. 1999, 6, 651-659.

[98]. Nelson, J.K.; et al. Towards an understanding of nanometric dielectrics. Em
Actas da Conferência sobre Isolamento Elétrico e Dielétrico
Phenomena (CEIDP), Cancun, México, 20-24 de outubro de 2002; pp. 295-298.

[99]. Imai, T.; et al. Effects of nano- and micro-filler mixture on electrical
propriedades de isolamento de compósitos à base de epóxi. IEEE Trans. Dielectr.
Electr. Insul. 2006, 13, 319-326.

[100]. Patel, R.R.; Gupta, N. Resistividade volumétrica de epóxi contendo
cargas de Al2O3. In Proceedings of the Fifteenth National Power Systems
Conference (NPSC), Bombaim, Índia, dezembro de 2008; pp. 361-365.

[101]. Lutz, B.; Kindersberger, J. Influência da água absorvida no volume
resistividade de isoladores de resina epoxídica. Em Proceedings of the 10th IEEE
Conferência Internacional sobre Dieléctricos Sólidos (ICSD), Potsdam, Alemanha,
4-9 de julho de 2010; pp. 1-4.

[102]. Roy, M.; et al. The influence of physical and chemical linkage on the
propriedades dos nanocompósitos. Em Actas da Conferência sobre
Isolamento Elétrico e Fenómenos Dieléctricos, (CEIDP), Nashville, TN,
EUA, 16-19 de outubro de 2005; pp. 183-186.
[103]. Smith, R.C.; et al. Estudos para desvendar alguns mecanismos subjacentes em
nanodielectricos. In Proc. da Conf. sobre Isolamento Elétrico e Dielétrico
Phenomena (CEIDP), Vancouver, BC, Canadá, 14-17 Out. 2007.
[104]. Smith, R.C.; et al. Os mecanismos que conduzem às propriedades eléctricas úteis
de nanodielectrodos poliméricos. IEEE Trans. Dielectr. Electr. Insul. 2008, 15.
[105]. Ciuprina, F.; Plesa, I. Condutividade DC e AC de nanocompósitos de LDPE. Em
Actas do 7º Simpósio Internacional sobre Tópicos Avançados em
Engenharia Eléctrica (ATEE), Bucareste, Roménia, 12-14 de maio de 2011.
[106]. Plesa, I.; Zaharescu, T. Efeitos da irradiação γ na resistividade e absorção
correntes em nano-compósitos à base de polímeros termoplásticos. Em Proc. de
o 8.º Simpósio Internacional sobre Tópicos Avançados em Eletricidade
Engineering (ATEE), Bucareste, Roménia, 23-35 de maio de 2013; pp. 1-6.
[107]. Lau, K.Y.; et al. Comportamento da corrente de absorção de polietileno/sílica
nanocompósitos. J. Phys. Conf. Ser. 2013, 472, 1-6.
[108]. Schadler, L.S.; et al. Materiais de classificação de campos não lineares e nanotubos de carbono
nano-compósitos com condutividade controlada. Em Nano-compósitos de polímeros dieléctricos
compósitos; Nelson, J.K., Ed.; Springer: Nova Iorque, NY, EUA, 2010.
[109]. Boggs, S.A. 500 Ω-m - resistividade suficientemente baixa para uma proteção de terra de um cabo
semicon? IEEE Electr. Insul. Mag. 2001, 17, 26-32.
[110]. Roberts, A. Stress grading for high voltage motor and generators. IEEE
Electr. Insul. Mag. 1995, 11, 26-31.

[111]. Foulger, S.H. Propriedades eléctricas de compósitos na vizinhança da
limiar de percolação. J. Appl. Polym. Sci. 1999, 72, 1573-1582.
[112]. Jager, K.M.; Lindbom, L. The continuing evolution of semiconductor
materiais para aplicações em cabos eléctricos. IEEE Electr. Insul. Mag. 2005, 21.
[113]. Jäger, K.-M.; McQueen, D.H. Fractal agglomerates and electrical Conduc-
em compósitos de polímeros de negro de fumo. Polymer 2001, 42, 9575-9581.
[114]. Hindermann-Bischoff, M.; Ehrburger-Dolle, F. Condutividade eléctrica de
compósitos de negro de fumo-polietileno: Evidências experimentais do efeito de
 alteração da conetividade dos clusters no efeito PTC. Carbono 2001, 39, 375-382.
[115]. Nakamura, S.; et al. Propriedades dieléctricas do negro de fumo-polietileno
compósitos abaixo do limiar de percolação. Em Proceedings of the
Conferência sobre Isolamento Elétrico e Fenómenos Dieléctricos (CEIDP),
Austin, TX, EUA, 17-20 de outubro de 1999; pp. 293-296.
[116]. Stancu, C.; et al. Condutividade eléctrica do polietileno- neodímio
compósitos. In Proc. do 8º Simpósio Internacional sobre Tópicos Avançados em
Engenharia Eléctrica (ATEE), Bucareste, Roménia, 23-25 de maio de 2013.
[117]. Chung, D.D.L. Materials for electromagnetic interference shielding. J.
Mater. Eng. Perform. 2000, 9, 350-354.
[118]. Mamunya, Y.P.; et al. Condutividade eléctrica e térmica de polímeros com enchimento
com pós metálicos. Eur. Polym. J. 2002, 38, 1887-1897.
[119]. Min, C.; et al. As propriedades eléctricas e os mecanismos de condução de
nanocompósito de nanotubos de carbono/polímero: Uma revisão. Polym. Plast. Technol.
Eng. 2010, 49, 1172-1181.
[120]. Pang, H.; Bao, Y.; Lei, J.; Tang, J.-H.; Ji, X.; Zhang, W.-Q.; Chen, C.
Compósitos condutores segregados de polietileno de peso molecular ultra-elevado

contendo polietileno de alta densidade como polímero de suporte de grafeno-
folhas. Polym. Plast. Technol. Eng. 2012, 51, 1483-1486.
[121]. Cravanzola, S.; et al. Compósitos poliméricos piezoresistivos à base de carbono:
Estrutura e propriedades eléctricas. Carbono 2013, 62, 270-277.
[122]. Haznedar, G.; et al. Nanoplaquetas de grafite e nanotubos de carbono baseados em
compósitos de polietileno: Condutividade eléctrica e morfologia. Mater.
Chem. Phys. 2013, 143, 47-52.
[123]. Mackersie, J.W.; Given, M.J.; MacGregor, S.J.; Fouracre, R.A. The propriedades eléctricas de sistemas de resina epóxida com enchimento - uma comparação. Em
Actas da 7ª Conferência Internacional do IEEE de 2001 sobre sólidos
Dielectrics (ICSD), Eindhoven, Nederland, 25-29 de junho de 2001; pp. 125-128.
[124]. Fothergill, J.C. Propriedades eléctricas. Em Dielectric Polymer Nanocomposites;
Nelson, J.K., Ed.; Springer: Nova Iorque, NY, EUA, 2010; pp. 197-228.
[125]. Jonscher, A.K. Dielectric Relaxation in Solids, 1ª ed.; Chelsea Dielectric
Press: London, UK, 1983; pp. 1-400.
[126]. Dissado, J.A.; Hill, R.M. Anomalous low-frequency dispersion. Quase direto
condutividade de corrente em materiais desordenados de baixa dimensão. J. Chem. Soc.
Faraday Trans. 1984, 80, 291-319.
[127]. Chapman, D.L. A contribution to the theory of electrocapillarity. Philos.
Mag. Ser. 6 1913, 25, 475-481.
[128]. Singha, S.; Thomas, M.J. Permittivity and tan delta characteristics of epoxy
nano-compósitos na gama de frequências de 1 MHz-1 GHz. IEEE Trans.
Dielectr. Electr. Insul. 2008, 15, 2-11.
[129]. Kochetov, R.; et al. Comportamento anómalo da espetroscopia dieléctrica
resposta de nanocompósitos. IEEE Trans. Dielectr. Electr. Insul. 2012, 19,
107-117.

[130]. Fothergill, J.C.; Nelson, J.K.; Fu, M. Dielectric properties of epoxy nano-
compósitos contendo cargas de TiO2, Al2O3 e ZnO. Em Proceedings of the
Conferência sobre Isolamento Elétrico e Fenómenos Dieléctricos (CEIDP),
Boulder, CO, EUA, 17-20 de outubro de 2004; pp. 406-409.
[131]. Plesa, I.; Ciuprina, F.; Notingher, P.V. Espectroscopia dieléctrica de epóxi
com e sem nanoenchimentos inorgânicos. J. Adv. Res. Phys. 2010, 1,
2069-7201.
[132]. Kozako, M.; Okazaki, Y.; Hikita, M.; Tanaka, T. Preparação e avaliação
de materiais isolantes compósitos epoxídicos para uma elevada condutividade térmica.
Nos Anais da 10ª Conferência Internacional do IEEE sobre Sólidos
Dielectrics (ICSD), Postdam, Alemanha, 4-9 de julho de 2010; pp. 1-4.
[133]. Heid, T.; Fréchette, M.; David, E. Epoxy/BN micro e submicro-
compósitos: Propriedades dieléctricas e térmicas de materiais melhorados para
sistemas de isolamento de alta tensão. IEEE Trans. Dielectr. Electr. Insul. 2015, 22, 1176-1185.
[134]. Mo, H.; et al. Termofixos epoxídicos isolantes eléctricos nanoestruturados com
elevada condutividade térmica, elevada estabilidade térmica, elevada transição vítrea
temperaturas e excelentes propriedades dieléctricas. IEEE Trans. Dielectr.
Electr. Insul. 2015, 22, 906-915.
[135]. Roy, M.; et al. Dieléctricos de nanocompósitos de polímeros - o papel da
interface. IEEE Trans. Dielectr. Electr. Insul. 2005, 12, 629-643.
[136]. Ciuprina, F.; et al. Dielectric properties of LDPE-SiO2 nanocomposites. Em
Actas da 10ª Conferência Internacional do IEEE sobre Dieléctricos Sólidos
(ICSD), Potsdam, Alemanha, 4-9 de julho de 2010; pp. 1-4.
[137]. Ciuprina, F.; Zaharescu, T.; Pleşa, I. Efeitos da radiação γ no dielétrico
propriedades dos nanocompósitos LDPE-Al2O3. Radiat. Phys. Chem. 2013, 84,

145-150.

[138]. Ciuprina, F.; et al. Efeitos da radiação ionizante nas propriedades dieléctricas

de nanocompósitos PEBD-Al2O3. UPB Sci. Bull. Série C 2010, 72.

[139]. Panaitescu, D.; et al. Efeitos dos nanoenchimentos de SiO2 e Al2O3 no polietileno

propriedades. J. Appl. Polym. Sci. 2011, 122, 1921-1935.

[140]. Hui, L.; Schadler, L.S.; Nelson, J.K. The influence of moisture on the

propriedades eléctricas de nanocompósitos de polietileno/sílica reticulados.

IEEE Trans. Dielectr. Electr. Insul. 2013, 20, 641-653.

[141]. Cao, Y.; Irwin, P.C. The electrical conduction in polyimide nanocomposites.

In Proceedings of the Conference on Electrical Insulation and Dielectric

Phenomena (CEIDP), NW, EUA, 19-22 Out. 2003; pp. 116-119.

[142]. Tanaka, T. Propriedades da interface e resistência à erosão da superfície. Em Dielectric

Polymer Nanocomposites; Nelson, J.K., Ed.; Springer: New York, NY,

EUA, 2010; pp. 229-258.

[143]. Izzati, W.A.; et al. Caraterísticas de descarga parcial do polímero Nano-

materiais compósitos no isolamento elétrico: Uma revisão da preparação de amostras

técnicas, métodos de análise, aplicações potenciais e tendências futuras. Ciências.

World J. 2014, 2014, 1-14.

[144]. Iizuka, T.; Uchida, K.; Tanaka, T. Caraterísticas de resistência à tensão de

nanocompósitos epóxi/sílica. Electron. Commun. Jpn. 2011, 94, 65-73.

[145]. Tanaka, T.; Matsuo, Y.; Uchida, K. Resistência à descarga parcial de

nanocompósito epóxi/SiC. Em Proceedings of the Conference on Electrical

Isolamento e fenómenos dieléctricos (CEIDP), Quebeque, QC, Canadá, 26-

29 de outubro de 2008; pp. 13-16.

[146]. Preetha, P.; Thomas, M.J. Caraterísticas de resistência a descargas parciais de epóxi

nanocompósitos. IEEE Trans. Dielectr. Electr. Insul. 2011, 18, 264-274.

[147]. Kozako, M.; et al. Tanaka, T. Preparação e caraterísticas preliminares
avaliação de nanocompósitos epóxi/alumina. Em Actas da 2005
Simpósio Internacional sobre Materiais de Isolamento Elétrico (ISEIM),
Kitakyushu, Japão, 5-9 de junho de 2005; pp. 231-234.

[148]. Kozako, M.; et al. Erosão da superfície devido a descargas parciais em vários tipos de
de nanocompósitos epoxídicos. Em Proceedings of the Conference on Electrical
Isolamento e Fenómenos Dieléctricos (CEIDP), Nashville, TN, EUA, 16-19
outubro de 2005; pp. 162-165.

[149]. Li, Z.; Okamoto, K.; et al. Efeitos da adição de nano-enchimento na descarga parcial
resistência e resistência à rutura dieléctrica do epóxi micro-Al2O3
composto. IEEE Trans. Dielectr. Electr. Insul. 2010, 17, 653-661.

[150]. Li, Z.; et al. O papel das nano e micro partículas na descarga parcial e na
resistência à rutura em compósitos epoxídicos. IEEE Trans. Dielectr. Electr.
Insul. 2011, 18, 675-681.

[151]. Li, S.; et al. Short-term breakdown and long-term failure in nanodielectrics:
Uma revisão. IEEE Trans. Dielectr. Electr. Insul. 2010, 17, 1523-1535.

[152]. Zhang, Y.; et al. Trabalho experimental preliminar sobre nanocompósitos
polímeros: pequenas descargas parciais à tensão de início, a existência de
possíveis mecanismos de carga abaixo da tensão de incepção e o problema da
definições. J. Electr. Eng. 2012, 63, 109-114.

[153]. Imai, T.; et al. Propriedades de isolamento de misturas de nano- e micro-fillers compostas por
osite. In Proc. of the Conf. on Electrical Insulation and Dielectric Pheno-
mena (CEIDP), Nashville, TN, EUA, 16-19 de outubro de 2005; pp. 171-174.

[154]. Ansorge, S.; Schmuck, F.; Papailiou, K. Impacto de diferentes cargas e cargas

tratamentos sobre o mecanismo de supressão da erosão da borracha de silicone para utilização

como material de isolamento para exteriores. IEEE Trans. Dielectr. Electr. Insul. 2015, 22.

[155]. Lau, K.Y.; et al. Sobre a carga espacial e o comportamento de rutura DC de

nanocompósitos de polietileno/sílica. IEEE Trans. Dielectr. Electr. Insul. 2014, 21, 340-351.

[156]. Yin, Y.; et al. Effect of space charge in nanocomposite of LDPE/TiO2. Em

Actas da Conferência Internacional sobre Propriedades e Aplicações

of Dielectric Materials, Nagoya, Japão, 1-5 de junho de 2003; pp. 913-916.

[157]. Andritsch, Synthesis and dielectric properties of epoxy based nano-compo-

sites. Em Actas da Conferência do IEEE sobre Isolamento Elétrico e

Dielectric Phenomena (CEIDP), Virgínia, VA, EUA, 18-21 de outubro de 2009.

[158]. Calebrese, C.; et al Uma revisão sobre a importância do processo de   nanocompósitos.

para melhorar o isolamento elétrico. IEEE Trans. Dielectr. Electr. Insul. 2011, 18, 938-945.

[159]. Lau, K.Y.; Piah, M.A.M. Nano-compósitos de polímeros em sistemas eléctricos de alta tensão.

perspetiva do isolamento térmico: Uma revisão. Malásia. Polym. J. 2011, 6, 58-69.

[160]. Piah, M.A.M.; Darus, A.; Hassan, A. Desempenho do seguimento elétrico de

Misturas de LLDPE-borracha natural utilizando a combinação de corrente de fuga

nível e taxa de propagação de rastos de carbono. IEEE Trans. Dielectr. Electr.

Insul. 2005, 12, 1259-1265.

[161]. El-Hag, A.H.; et al. Erosion resistance of nano-filled silicone rubber. IEEE

Trans. Dielectr. Electr. Insul. 2006, 13, 122-128.

[162]. Sarathi, R.; et al. Understanding the thermal, mechanical and electrical

propriedades dos nanocompósitos epoxídicos. Mater. Sci. Eng. A 2007, 445-446.

[163]. Raetzke, S.; Kindersberger, J. Resistência ao arco de alta tensão e a

resistência à erosão de rastreio para nanocompósitos de silicone/SiO2. Em Proc. de

o 16° Simpósio Internacional de Engenharia de Alta Tensão, Cidade do Cabo,

África do Sul, 24-28 de agosto de 2009; pp. 1-6.

[164]. Vogelsang, R.; Farr, T.; Fröhlich, K. O efeito das barreiras na árvore eléctrica

propagação em materiais isolantes compostos. IEEE Trans. Dielectr. Electr.

Insul. 2006, 13, 373-382.

[165]. Ding, H.-Z.; Varlow, B.R. Efeitos da fração volumétrica de enchimento na decomposição

resistência de um dielétrico microcomposto de epóxi. Em Proceedings of IEEE

Intr. Conf. on Solid Dielectrics (ICSD), Toulouse, França, 5-9 de julho de 2004.

[166]. Uehara, H.; Kudo, K. Efeito de barreira do arvoredo em materiais isolantes compostos

materiais com interfaces termo-adesivas de diferentes polímeros. IEEE Trans.

Dielectr. Electr. Insul. 2005, 12, 1266-1271.

[167]. Christantoni, D.D.; Vardakis, G.E.; Danikas, M.G. Propagação de energia eléctrica

crescimento de árvores num isolamento sólido compósito constituído por resina epóxida e mica

folhas: Simulação com o auxílio de autómatos celulares. Em Actas do

10ª IEEE Intr. Conf. sobre Dieléctricos Sólidos (ICSD), Postdam, Alemanha, 4-9

julho de 2010; pp. 1-4.

[168]. Zhang, C.; Stevens, G.C. A resposta dieléctrica de

nanodielectricos. IEEE Trans. Dielectr. Electr. Insul. 2008, 15, 606-617.

[169]. Dodd, S.J.; et al. Influência da humidade absorvida nas propriedades dieléctricas

de resinas epoxídicas. In Proc. of the Conf. on Electrical Insulation and Dielectric

Phenomena (CEIDP), West Lafayette, IN, EUA, 17-20 de outubro de 2010.

[170]. Tsekmes, I.A.; et al. The influence of interfaces and water uptake on the

resposta dieléctrica de compósitos de epóxi e nitreto de boro cúbico. J. Mater.

Sci. 2015, 50, 3929-3941.

[171]. Nielsen, L.E. The thermal and electrical conductivity of two-phase systems.

Ind. Eng. Chem. Fundamen. 1974, 13, 17-20.

[172]. Kochetov, R.; et al. Thermal behaviour of epoxy resin filled with high

nanopós de condutividade térmica. Em Proceedings of the IEEE Electrical

Conferência sobre Isolamento (EIC), Montreal, QC, Canadá, 31 de maio a 3 de junho de 2009.

[173]. Han, Z.; et al. Thermal properties of composites filled with different fillers.

Nas Actas do Simpósio Internacional do IEEE sobre Isolamento Elétrico

(ISEI), Vancouver, BC, Canadá, 9-12 de junho de 2008; pp. 497-501.

[174]. Irwin, P.C.; et al. Thermal and mechanical properties of polyimide Nano-

compósitos. Em Actas da Conferência sobre Isolamento Elétrico e

Dielectric Phenomena (CEIDP), Albuquerque, NW, EUA, 19-22 Out. 2003.

[175]. Xu, Y.S.; Chung, D.D.L. Aumento da condutividade térmica do boro

compósitos de matriz epoxídica com partículas de nitreto e nitreto de alumínio por partículas

tratamentos de superfície. Compos. Interfaces 2000, 7, 243-256.

[176]. Miller, G.H. Tendências em materiais de isolamento com processos de rotação

máquinas. IEEE Electr. Insul. Mag. 1998, 14, 7-11.

[177]. Irwin, P.; et al. Propriedades mecânicas e térmicas. Em Dielectric Polymer

Nanocomposites; Nelson, J.K., Ed.; Springer: Nova Iorque, NY, EUA, 2010.

[178]. Yasmin, A.; Daniel, I.C. Propriedades mecânicas e térmicas da grafite

compósitos de plaquetas/epóxi. Polymer 2004, 45, 8211-8219.

[179]. Yang, H.-S.; et al. Compósitos de polipropileno preenchidos com farinha de casca de arroz; Mecha-

estudo morfológico e técnico. Compos. Struct. 2004, 63, 305-312.

[180]. Lam, C.-K.; et al. Efeito do tamanho do aglomerado na dureza de nanoclay/epoxy

compósitos. Compos. Parte B 2005, 36, 263-269.
[181]. Ray, D.; et al. Propriedades mecânicas estáticas e dinâmicas da resina de viniléster
compósitos de matriz preenchidos com cinzas volantes. Macromol. Mater. Eng. 2006, 291.
[182]. Gao, Y.; Liu, L.; Zhang, Z. Desempenho mecânico de nano-CaCO3 preenchido com
compósitos de poliestireno. Ata Mech. Solida Sin. 2009, 22, 555-562.
[183]. Asi, O. Mechanical properties of glass-fiber reinforced epoxy composites
preenchido com partículas de Al2O3. J. Reinf. Plast. Compos. 2009, 28, 2861-2867.
[184]. Zaman, H.U.; Hun, P.D.; Khan, R.A. Morfologia, mecânica e
comportamentos de cristalização de polipropileno com micro e nano-ZnO
compósitos. J. Reinf. Plast. 2012, 31, 323-329.
[185]. Ibrahim, M.S.; et al. Propriedades mecânicas e térmicas de compósitos de
poliéster insaturado preenchido com cinza de óleo de palma. J. Mech. Eng. Sci. 2012, 2.
[186]. Agubra, V.A.; et al. Influência dos métodos de dispersão de nanoargilas na resistência mecânica e na resistência ao calor.
comportamento anatómico de nanocompósitos de vidro E/epóxi. Nanomateriais 2013, 3.
[187]. Chauhan, S.R.; Thakur, S. Efeitos do tamanho das partículas, carga de partículas e
distância de deslizamento nas propriedades de atrito e desgaste das partículas da Cenosfera
compósitos de viniléster com enchimento. Mater. Des. 2013, 51, 398-408.
[188]. Sayer, M. Propriedades elásticas e avaliação da carga de encurvadura de cerâmica
partículas preenchidas. Compos. Parte B 2014, 59, 12-20.
[189]. Sudheer, M.; et al. Efeito do teor de enchimento no desempenho de epóxi/
Compósitos PTW. Adv. Mater. Sci. Eng. 2014, 2014, 1-11.
[190]. Prakash, M.A.; et al. Uma revisão dos nanocompósitos epoxídicos de céria com um novo
proposta de investigação. IOSR J. Mech. Civil Eng. 2015, 12, 1-3.
[191]. Ozsoy, I.; et al. A influência do teor de micro e nano cargas na
propriedades mecânicas dos compósitos epoxídicos. Strojniški vestnik. J. Mech.

Eng. 2015, 61, 601-609.

[192]. Novoselov, K.S.; et al. Electric field effect in atomically thin carbon film.

Science 2004, 306, 666-669.

[193]. Stankovich, S.; et al. Compósitos à base de grafeno. Nature 2006, 442.

[194]. Kuila, T.; et al. Preparação de grafeno funcionalizado/grafeno linear de baixa densidade

compósitos de polietileno por um método de mistura de soluções. Carbono 2011, 49.

[195]. Potts, J.R.; et al. Nanocompósitos de polímeros à base de grafeno. Polymer 2011,

52.

[196]. Sandler, J.K.W.; et al. Ultra-low electrical percolation threshold in carbon-

compósitos de nanotubos e epóxi. Polymer 2003, 44, 5893-5899.

[197]. Wang, D.-W.; et al. Fabrico de papel compósito de grafeno/polianilina através de

electropolimerização anódica in situ para eléctrodos flexíveis de elevado desempenho

ACS Nano 2009, 3, 1745-1752.

[198]. Murugan, A.V.; et al. Síntese rápida e fácil por micro-ondas-solvotérmica de

nanofolhas de grafeno e respectivos nanocompósitos de polianilina para fins energéticos

armazenamento. Chem. Mater. 2009, 21, 5004-5006.

[199]. Sangermano, M.; et al. Condensador transparente flexível de grafeno-epóxi

obtido por transferência grafeno-polímero e ligação induzida por UV Macromol.

Rapid Commun. 2014, 35, 355-359.

[200]. Kuila, T.; et al. Chemical functionalization of graphene and its applications (Funcionalização química do grafeno e suas aplicações).

Prog. Mater. Sci. 2012, 57, 1061-1105.

[201]. Martín-Gallego, et al. Nanocompósitos de epóxi-grafeno curados por UV. Polímero

2011, 52, 4664-4669.

[202]. Sangermano, M.; et al. Óxido de grafeno/polietileno transparente e condutor

(etilenoglicol) de diacrilato obtidos por fotopolimerização.

Macromol. Mater. Eng. 2011, 296, 401-407.

[203]. Giardi, R.; et al. Formulações acrílicas impressas a jato de tinta baseadas em

nanocompósitos de óxido de grafeno. J. Mater. Sci. 2013, 48, 1249-1255.

[204]. Park, S.; Ruoff, R.S. Chemical methods for the production of graphenes.
Nat. Nanotechnol. 2009, 4, 217-224.

[205]. Hummers, W.S.; Offeman, R.E. Preparação de óxido grafítico. J. Am.
Chem. Soc. 1958, 80, 1339.

[206]. Dreyer, R.D.; et al. Chemistry of graphene oxide. Chem. Rev. Soc. 2010.

[207]. Dikin, A.K.; et al. Preparação e caraterização de óxido de grafeno
artigo. Nature 2007, 448, 457-460.

[208]. Wei, J.; Vo, T.; Inam, F. Nanocompósitos de epóxi/grafeno - processamento e
propriedades: Uma revisão. RSC Adv. 2015, 5, 73510-73524.

[209]. Bai, S.; Shen, X. Nanocompósitos grafeno-inorgânicos. RSC Adv. 2012, 2.

[210]. Chatterjee, S.; et al. Efeitos de tamanho e sinergia de híbridos de nano-enchimento incluindo
nanoplaquetas de grafeno e nanotubos de carbono nas propriedades mecânicas de
compósitos epoxídicos. Carbono 2012, 50, 5380-5386.

[211]. Sangermano, M.; et al. Desempenho melhorado de grafeno-epóxi flexível
condensadores por meio de cargas cerâmicas. Macromol. Chem. Phys. 2015, 216.

[212]. Martin-Gallego, M.; et al. Grafeno funcionalizado com ouro como carga condutora
em resina epoxi curável por UV. J. Mater. Sci. 2015, 50, 605-610.

[213]. Guimard, N.K.; et al. Current trends in the field of self-healing materials.
Macromol. Chem. Phys. 2012, 213, 131-143.

[214]. Burattini, S.; et al. Polymeric materials: A tutorial review. Chem. Soc.
Rev. 2010, 39, 1973-1985.

[215]. Wu, D.Y.; Meure, S.; Solomon, D. Self-healing polymeric materials: A
análise dos desenvolvimentos recentes. Prog. Polym. Sci. 2008, 33, 479-522.

[216]. Billiet, S.; et al. Química dos processos de reticulação para a auto-regeneração
polímeros. Macromol. Rapid Commun. 2013, 34, 290-309.

[217]. Yuan, Y.C.; et al. Preparação e caraterização de microencapsulados

politol. Polymer 2008, 49, 2531-2541.

[218]. Blaiszik, B.J.; et al. Microcápsulas cheias de soluções reactivas para a auto-reprodução de
materiais cicatrizantes. Polymer 2009, 50, 990-997.

[219]. German, I.; et al. An investigation of self-repair systems for solid extruded
cabos poliméricos e cheios de fluido. Em Proceedings of the IEEE Electrical
Conferência sobre Isolamento (EIC), Seattle, DC, EUA, 7-10 de junho de 2015.

[220]. Lesaint, C.; et al. Self-healing high voltage electrical insulation materials. Em
Actas da Conferência sobre Isolamento Elétrico (EIC), Filadélfia, PA,
EUA, 8-11 de junho de 2014; pp. 241-244.

[221]. Rudi, K.; et al. A propriedade de auto-regeneração da borracha de silicone depois de degradada
através de arborização. Em Actas da Conferência Internacional sobre Condição
Monitorização e Diagnóstico (CMD), Bali, Indonésia, 23-27 de setembro de 2012.

Capítulo (4)
Isolador de polímero - Conceção, Aplicações e Mecanismo

4.1. Prefácio

Originalmente, os isoladores eram feitos de materiais como a cerâmica e o vidro. Mas em 1963, foi introduzido um novo tipo, feito de polímeros. No entanto, as recentes melhorias na sua conceção e fabrico tornaram-nos populares entre as empresas de eletricidade e os serviços públicos. Estes isoladores têm um núcleo de fibra de vidro e são cobertos com peças de proteção feitas de materiais de borracha, como silicone, poli-tetra-fluoroetileno ou EPDM. Também têm peças metálicas em ambas as extremidades para ligação. Também conhecidos como isoladores compostos, combinam pelo menos dois materiais isolantes diferentes, um núcleo robusto e um invólucro protetor com encaixes nas extremidades.

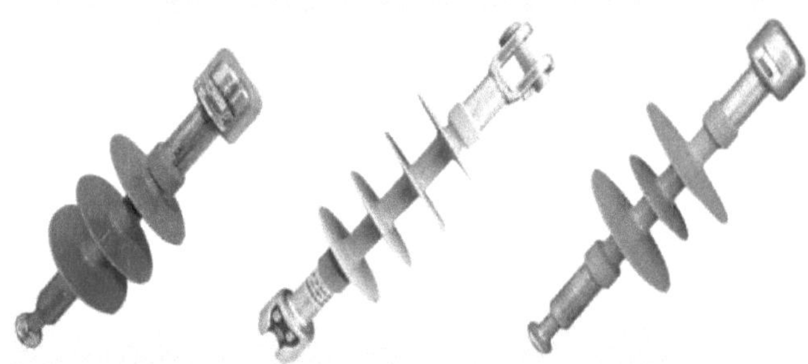

Os polímeros são considerados "isoladores" devido à sua estrutura molecular, que não permite o livre fluxo de electrões. Esta resistência ao movimento dos electrões significa que as cargas eléctricas não passam facilmente através destes materiais.

Em termos de isolamento térmico, os electrões de valência destes polímeros estão fortemente ligados aos seus átomos, o que os impede de conduzir o calor. Além disso, os polímeros podem possuir uma elevada rigidez dieléctrica, que se refere à capacidade de um material resistir a campos eléctricos sem se partir. Esta caraterística torna-os excelentes para resistir ao fluxo de corrente eléctrica. Além disso, os isolantes eléctricos são materiais que fazem o oposto dos condutores - bloqueiam o fluxo de eletricidade. Estes materiais isolantes são cruciais nas indústrias eléctrica e eletrónica, servindo para proteger contra choques eléctricos e para garantir que os circuitos eléctricos funcionam de forma segura e eficaz.

4.2. Aplicações do isolador polimérico

Estes isoladores são escolhidos pela sua capacidade de resistir à condução eléctrica em situações de alta tensão, como em linhas eléctricas, transformadores e outros equipamentos eléctricos. Estes isoladores são frequentemente feitos de materiais como borracha de silicone, polietileno ou epóxi. A sua natureza hidrofóbica e a sua capacidade de evitar flashovers relacionados com a poluição tornam-nos cruciais para manter a fiabilidade das redes eléctricas.

As principais caraterísticas que definem os isoladores poliméricos incluem a sua baixa mobilidade de electrões e elevada resistência ao fluxo elétrico, o que ajuda a minimizar o risco de choque térmico.

Vejamos os materiais utilizados para estes isoladores:

- Plástico (resina)
- Silicone
- Borracha
- Óleo
- Vidro (na sua forma cerâmica)
- Água desionizada pura

Estes materiais são escolhidos pela sua elevada resistência à corrente eléctrica, o que os torna ideais para fins de isolamento, como o revestimento de fios de cobre utilizados em várias aplicações eléctricas, desde electrodomésticos a linhas de alta tensão.

A eficácia dos condutores eléctricos depende da abundância de electrões livres disponíveis para se moverem livremente à temperatura ambiente, facilitando o fluxo elétrico. Os isolantes, por outro lado, possuem poucos electrões livres, reduzindo significativamente o movimento dos electrões e resistindo assim ao fluxo elétrico.

Para ilustrar isto com um material familiar, consideremos a madeira. A madeira pode atuar como isolante até um determinado limiar de tensão. Para além desse limiar, a madeira pode deixar de ser um isolante eficaz e começar a conduzir eletricidade.

4.3. Composição do isolador de polímero

Haste do núcleo de fibra de vidro: O núcleo de fibra de vidro está no centro do design do isolador polimérico, servindo duas funções críticas. Fornece a força mecânica primária e o isolamento elétrico. Este núcleo é fabricado a partir de milhares de fibras de vidro finas, conhecidas como rovings, que são firmemente unidas através de uma resina epóxi. Esta composição assegura que o núcleo da vareta pode suportar tensões mecânicas significativas, ao mesmo tempo que isola eficazmente as correntes eléctricas. A integridade da haste do núcleo de fibra de vidro é importante, uma vez que afecta diretamente a durabilidade e o desempenho geral do isolador.

Caixa de borracha e proteção contra intempéries: À volta da haste do núcleo encontra-se o invólucro de borracha, combinado com os isoladores, que protegem o núcleo de elementos ambientais como o sal, a sujidade, o pó e a humidade. Estes componentes são cruciais para manter as propriedades de isolamento do isolador ao longo do tempo, evitando a degradação que pode levar à falha. Ao longo dos anos, os materiais utilizados para o invólucro de borracha evoluíram, sendo os mais comuns o silicone, o EPDM (monómero de etileno-propileno-dieno) e várias ligas de materiais. O silicone é particularmente valorizado pelas suas propriedades hidrofóbicas, que ajudam a repelir a água e a evitar a acumulação de humidade na superfície do isolador, reduzindo assim o risco de flashovers de contaminação.

Acessórios de extremidade: Os acessórios finais são componentes metálicos de um isolador de polímero, ligando-o à infraestrutura circundante. O material e o design destes acessórios são selecionados com base na classificação da carga mecânica especificada (SML) do isolador. Para valores mais elevados de SML, o aço (fundido ou forjado) é normalmente utilizado devido à sua resistência superior, enquanto o ferro dúctil pode ser escolhido para valores mais baixos de SML. Para evitar danos causados pela exposição ambiental, como a corrosão e a ferrugem, tanto os acessórios de ferro como de aço recebem um revestimento protetor galvanizado.

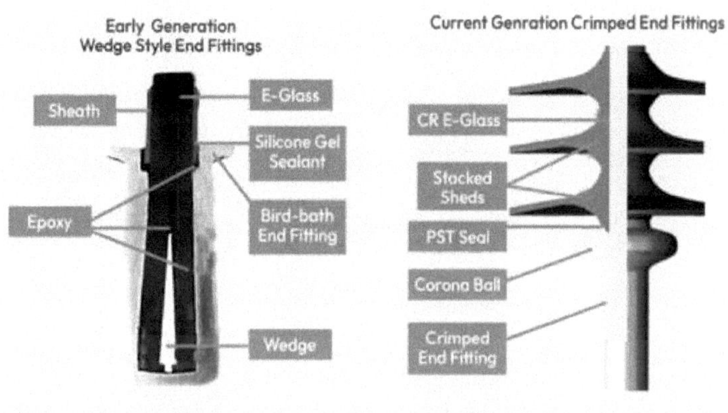

Inicialmente, os isoladores eram produzidos utilizando um método em que os encaixes das extremidades eram ligados à haste do núcleo com epóxi. Estes primeiros modelos, designados por "estilo cunha", apresentavam extremidades com a forma de taças para segurar o epóxi à medida que este curava.

Apesar de alguns destes modelos mais antigos continuarem em funcionamento, os avanços na tecnologia mudaram a preferência para a Tecnologia de Compressão, resultando em acessórios de extremidade cravados. Esta técnica moderna permite um processo mais eficiente e fiável, resultando em terminais que são mais pequenos e mais leves sem comprometer a resistência.

Note-se que os acessórios finais variam significativamente entre os diferentes isoladores de polímero, sendo os seus tipos de ligação um dos poucos aspectos normalizados. As normas definem tipicamente vários tipos de ligação comuns, incluindo:

- Soquete e esfera: Este é o conjunto mais rigorosamente definido, com as normas ANSI e IEC fornecendo especificações abrangentes.
- Y-Clevis / Bola: Utilizado habitualmente nos Estados Unidos.
- Olho Oval / Olho Oval
- Cavilha / Língua: Outro conjunto bem definido, frequentemente utilizado em contextos internacionais.
- Forquilha / Forquilha

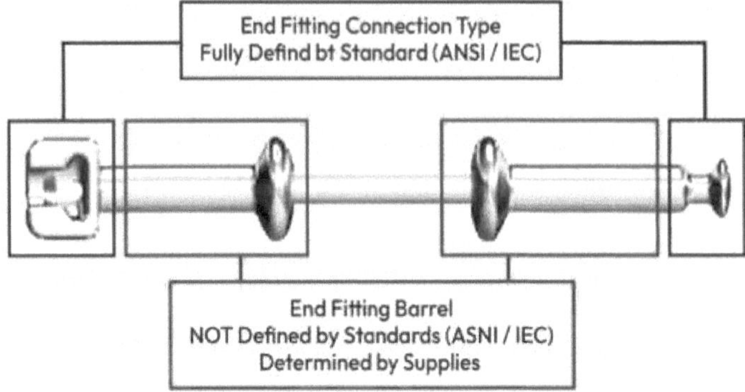

Embora os designs destas extremidades de ligação sejam largamente padronizados, na Axis Electricals alguns aspectos, como as dimensões específicas de um barril de encaixe de extremidade, podem ser personalizados de acordo com os seus requisitos. Os padrões para esses tipos de conexão, particularmente para o soquete e a esfera, são detalhados e incluem "medidores Go & No-go" para medição precisa. Outros tipos, como Clevis / Tongue e Clevis / Clevis, embora também bem definidos, podem ser adaptados para seu uso internacional ou para atender às suas especificações exclusivas, incluindo classificações SML não padronizadas.

4.4. Conceção e avaliação do isolador de polímero

Independentemente do método de montagem, as dimensões críticas que devem ser consideradas no projeto e avaliação dos isoladores de polímero incluem:

Distância do arco seco: A distância em linha reta ao longo da superfície isolante entre os encaixes metálicos em cada extremidade do isolador. Esta medida é crucial para determinar a capacidade do isolador para suportar arcos eléctricos em condições secas.

Distância de fuga (Creepage): O comprimento total do caminho ao longo da superfície isolante entre os encaixes metálicos, que é maior do que a distância do arco seco devido à forma ondulada do tempo, galpões. Uma maior distância de fuga melhora o desempenho do isolador em condições húmidas e ambientes poluídos, proporcionando um caminho mais longo para potenciais correntes de fuga.

Comprimento da borracha (isolante): O comprimento do invólucro de borracha que cobre o núcleo de fibra de vidro, o que afecta diretamente as capacidades gerais de isolamento do isolador.

Comprimento da secção/ligação: O comprimento das secções ou das ligações entre os isoladores, que pode afetar a eficiência do isolador na prevenção da acumulação de sujidade e humidade, influenciando assim o seu desempenho de isolamento elétrico.

Estas dimensões são fundamentais para otimizar o desempenho elétrico dos isoladores de polímero, garantindo que cumprem as normas exigidas para aplicações eléctricas de alta tensão.

4.5. Composição e

A seleção e qualificação de um fornecedor de isoladores de polímero é uma proposta mais complexa do que a maioria dos utilizadores possa imaginar. Embora existam normas ANSI e IEC que regem determinados aspectos da conceção e do fabrico, as variações definidas por cada fornecedor podem resultar em isoladores com um aspeto diferente e, mais importante ainda, com um desempenho diferente. Por conseguinte, é importante compreender as possíveis diferenças e a forma como estas podem afetar o desempenho desejado em serviço.

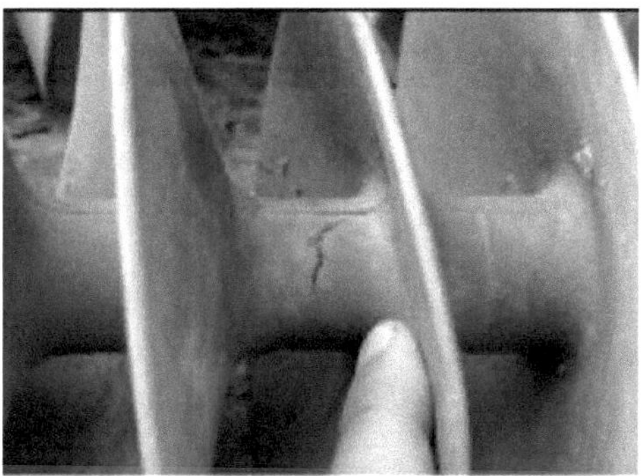

A contribuição editada para o INMR por Edward Niedospial, Especialista Técnico da MacLean Power Systems, oferece a sua visão sobre como especificar os melhores materiais e como identificar detalhes críticos, terminologias e critérios de desempenho que podem exceder o que é oferecido nas normas. Também descreve a composição básica de um isolador de polímero, analisando os componentes e as várias opções, bem como a forma como estas opções podem afetar o desempenho a longo prazo.

Existem várias designações diferentes para os isoladores do tipo polímero, incluindo

- isoladores compostos (feitos de vários elementos ou componentes);
- isoladores poliméricos;
- isoladores não cerâmicos (NCI);
  -isoladores sintéticos;
  -isoladores de borracha.

No entanto, independentemente da sua designação, um aspeto de um isolador de polímero que é consistente em todos os fornecedores é a composição básica, ou seja: núcleo, invólucro e ligações finais. Embora isto seja verdade a um nível genérico, é necessária uma maior compreensão para entender melhor como os isoladores de polímero são fabricados e como essas diferenças podem afetar o desempenho.

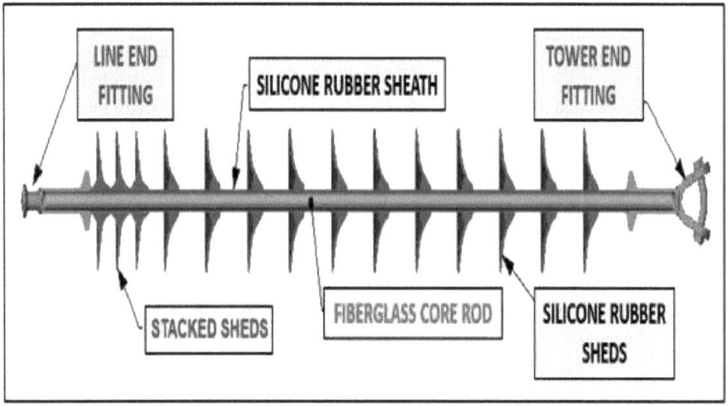

Composição de um isolante polimérico.

Núcleo: A haste do núcleo de fibra de vidro é o "coração" do isolador de polímero e serve como componente mecânico e elétrico primário.

Carcaça: Normalmente, é um termo genérico para a bainha e os protectores contra as intempéries, na sua maioria feitos de silicone ou borracha EPDM e, por vezes, uma combinação de ambos.

Ligação de extremidade: Os acessórios terminais, quer sejam de ferro dúctil ou de aço, estão ligados à barra de núcleo e actuam como ligações mecânicas através das quais as cargas do sistema são aplicadas à torre através da barra de núcleo. Cada isolador terá normalmente um encaixe de extremidade de linha (LEF) e um encaixe de extremidade de torre (TEF).

A haste do núcleo combinada com os dois encaixes das extremidades constituem o elemento mecânico de um isolador de polímero. Um isolador é, antes de mais, um dispositivo mecânico, que mantém o condutor no espaço e mantém as folgas mínimas de fase, conforme exigido pela tensão aplicada.

4.6. Aplicações de tração

- Isoladores de suspensão e de extremidade morta.
- Barras de núcleo de pequeno diâmetro externo [Classe de transmissão - 16 mm, 22-24 mm, 32 mm, 38 mm
  e superior]
- A geometria do encaixe final é regida por normas (a maioria das extremidades da ligação).
- SML = Carga mecânica especificada = Carga máxima nominal.
- RTL = Carga de tração nominal = Carga de trabalho [as normas definem como 50% da
  mas pode variar consoante a especificação/definição do cliente para classificações RTL).
- A classificação de resistência não é afetada pelo comprimento do isolador.

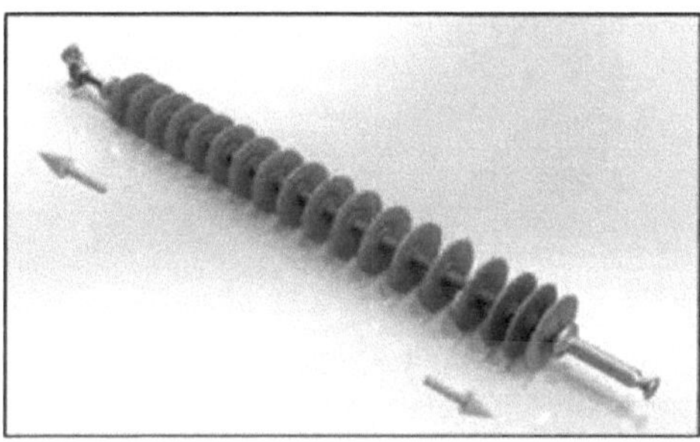

Aplicação de tração.

4.7. Aplicações em cantilever

- Isoladores de postes de linha e postes com suporte.
- Barras de núcleo de diâmetro externo maior [Classe de transmissão = 2,5 pol. (63 mm), 3,0 pol. (76 mm), 3,5

in (88 mm) e superior].
- A geometria do encaixe final é de certa forma definida por normas e, normalmente, requer alguns
  forma de ligação da base à torre.
- As aplicações dos postes podem ser horizontais, verticais, suspensas e contraventadas.
- SCL = Carga de cantiléver especificada = Carga de cantiléver final
    - MDCL = Carga máxima de projeto em consola = Carga de trabalho em consola.
    - Carregamento combinado multieixos - Vertical + Transversal + Longitudinal.
    - As aplicações de poste requerem uma curva de carga para definir a capacidade mecânica.

Numa aplicação de postes escorados, a limitação de rutura mais comum é ditada pelas ferragens e pelos encaixes das extremidades, e não pelo diâmetro da haste central. Daí a necessidade de soluções de engenharia e testes.

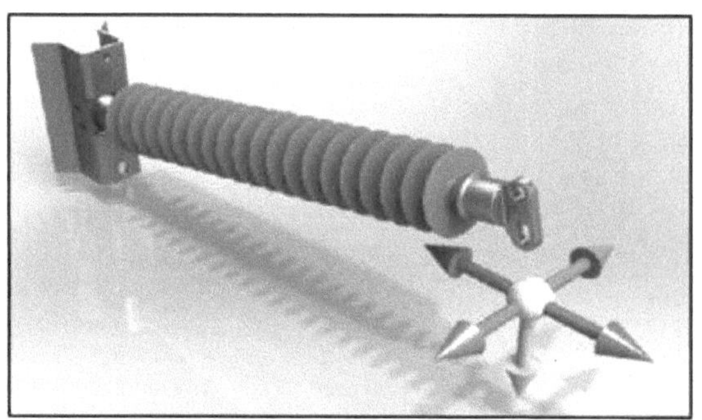

Aplicação em cantilever.

4.8. Desempenho elétrico

Quando um isolador é mecanicamente estável, a sua segunda função é fornecer as propriedades de isolamento necessárias. Embora o núcleo de fibra de vidro seja o principal meio de isolamento, só quando está totalmente fechado num invólucro de borracha é que é capaz de realizar as funções eléctricas da aplicação. O material mais comum utilizado para proteger o núcleo de fibra de vidro da humidade, de contaminantes e de outras agressões ambientais é a borracha de silicone. Este invólucro é constituído por uma bainha e por protecções contra as intempéries, que podem ser aplicadas como um corpo único, como corpos unidos ou utilizando um processo modular em que as protecções são adicionadas separadamente à bainha. Independentemente da forma como a borracha é aplicada, as principais dimensões a ter em conta ao conceber e comparar diferentes designs de isoladores são: Distância do Arco Seco, Distância de Fuga (Creepage), Comprimento da Borracha (Isolante) e Comprimento da Secção / Ligação.

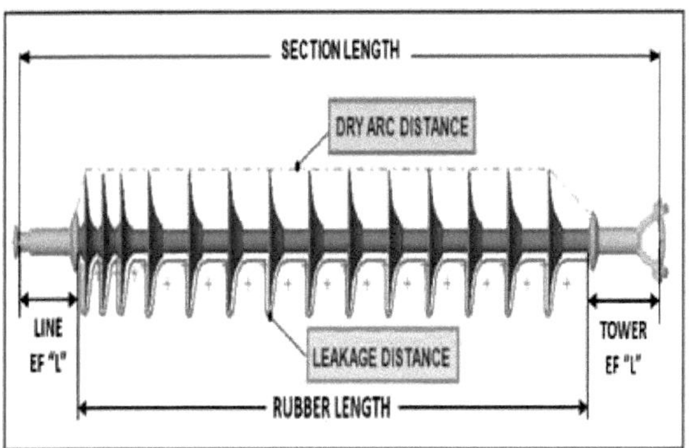

Dimensões críticas de um isolante polimérico.

4.8.1. Dimensões críticas relativas ao desempenho elétrico

Distância de arco seco: Por vezes referida como a distância do arco ou a distância de flashover, mede a distância metal-metal, até ao primeiro galpão, através de todos os galpões e depois do último galpão de volta ao encaixe final. Em termos simples, é o espaço de ar ao longo do comprimento do isolador.

- Isto ditará os valores eléctricos de rutura e resistência em seco e o CIFO
  (Impulso Crítico);
- Flashover húmido e resistência (desempenho do isolante quando molhado e sob
  aplicação contínua de água) são determinadas pela distância do arco seco, mas também
  afetado pela distância de fuga e pelo perfil do galpão;
- Todos os valores acima são derivados estatisticamente por cada fabricante e baseados em
  testes num ambiente de laboratório. Os valores de FO e de resistência são nominais
  valores com um intervalo de +/-;
- A distância do arco seco é uma dimensão mensurável que é fixa e pode ser utilizada para
  comparar diferentes concepções.

Distância de fuga: Por vezes referida como distância de fuga, é a distância ao longo da superfície da caixa (todos os galpões) desde o encaixe da extremidade da linha até ao encaixe da extremidade de terra.

- Protege o isolador do impacto da contaminação e do ambiente agressivo ;
- A fuga é outra dimensão para comparar diferentes projectos.
Comprimento da secção: O comprimento da ligação é a distância da linha à ligação da torre
   do isolador.
- Sujeito a alterações com base no tipo de acessórios de extremidade utilizados;
- Embora o comprimento da secção seja crítico, é secundário em relação à distância do arco seco quando se compara
   desempenho elétrico de diferentes isoladores.

Comprimento da borracha: Também conhecido como comprimento mínimo de isolamento, é a distância de
   a caixa de borracha, de uma extremidade à outra do eixo X.
- Esta dimensão é determinada pelo equipamento de fabrico. Uma vez definida por
   um fornecedor, não é provável que se altere;
- O comprimento da borracha é uma dimensão de referência e menos crítica para o desempenho.

Facto: A melhor forma de aumentar a distância do arco seco é aumentar o comprimento da secção. Cada polegada (25,4 mm) de comprimento de secção adicionada aumenta a distância do arco seco em uma polegada (25,4 mm). Uma relação de um para um.

Núcleo de fibra de vidro: O núcleo de fibra de vidro é o principal componente mecânico e elétrico, o que faz dele o "coração de um isolador de polímero". O núcleo é composto por milhares de fibras de vidro individuais (também conhecidas como rovings) ligadas entre si por uma resina epóxi.

Fabrico de varas com núcleo de fibra de vidro.

4.8.2. Composição da alma de fibra de vidro

A vareta com núcleo de fibra de vidro é constituída por fibra de vidro impregnada de resina. No entanto, o tipo de resina e de fibra de vidro, bem como a percentagem de vidro em relação à resina, não estão definidos nas normas. Em vez disso, a definição é deixada ao fabricante do varão. Por exemplo, a decisão sobre o vidro e a resina a utilizar pode depender do desempenho mecânico e elétrico pretendido para o varão. Um varão com um diâmetro externo mais pequeno é utilizado principalmente para aplicações de tração, enquanto que um varão com um diâmetro externo maior é necessário para satisfazer cargas mecânicas de compressão e cantilever mais elevadas.

4.8.3. Opções "Fibra" de fibra de vidro

Ambas as opções cumprem ou excedem os testes definidos nas normas ANSI e IEC

1) E-Glass = Fibra de vidro de grau elétrico

- Atualmente, é utilizado principalmente no fabrico de hastes de núcleo de postes de linha;
- Utilizado em tipos de polímeros de primeira geração (suspensão);
- Suscetível de fratura frágil (em aplicações de suspensão).

2) E-Glass resistente à corrosão (CR-E ou ECR) = Fibra de vidro sem boro

- Óxido de boro removido da composição das fibras de vidro;
- Concebido para eliminar a fratura frágil;

- O mesmo processo de fabrico que o E-Glass normal;
- Mecanicamente e eletricamente igual ao E-Glass.

Exemplo de fratura frágil.

4.8.4. Opções de resina

Todas as opções cumprem ou excedem os testes definidos nas normas ANSI e IEC.

Resina epóxi: elevado isolamento elétrico, resistência mecânica e resistência a produtos químicos. Mas a barra acabada é potencialmente mais frágil, afectando o processo de engaste. Também pode apresentar problemas devido às altas temperaturas utilizadas durante a etapa seguinte do fabrico do isolador, ou seja, a aplicação do invólucro de borracha.

Resina de poliéster: resina de menor custo, mas também menos resistente a produtos químicos. É mais adequada para aplicações marítimas.

Mistura de ésteres de vinilo/epóxi: combina as melhores caraterísticas das resinas de poliéster e epóxi. O material combinado (híbrido) é mais forte do que os poliésteres e mais resistente ao calor do que os epóxis, o que o torna ideal tanto para a aplicação de borracha como para a cravação.

Varas com núcleo de fibra de vidro.

Gama típica de diâmetros de barras de núcleo por aplicação

- Aplicação de tensão (isoladores de suspensão): Os diâmetros de núcleo de 16 mm - 38 mm são os tamanhos mais comuns.

- Aplicação de cantilever / compressão (isoladores de postes de linha): Os diâmetros de núcleo de 1,5 - 3,5 pol. são os tamanhos mais comuns;

4.9. Avaliação da qualidade e do desempenho relativos à vara principal

- Qual é o desempenho do varão (de fabrico próprio ou adquirido externamente) relativamente aos ensaios normalizados?
  - Como é que o varão recebido (produzido pelo próprio ou por terceiros) é inspeccionado e aprovado para
    produção?
  - O fabricante tem controlo de lotes? É capaz de rastrear as hastes de todos os
    através da produção até ao isolador de polímero completo?
  - Utilizam varetas de núcleo "sem boro" para aplicações de suspensão?

4.9.1. Carcaça de borracha e proteção contra intempéries

A função do invólucro de borracha, em conjunto com as proteções contra intempéries, é proteger a haste do núcleo do impacto do ambiente (incluindo sal, sujidade, poeira e humidade) onde os isoladores são colocados em serviço. Historicamente, os invólucros de borracha têm sido feitos de diferentes materiais, por exemplo, silicone, EPDM e materiais de liga.

No entanto, nem todos os materiais de borracha de silicone são iguais. Pelo contrário, a qualidade e o desempenho do material de silicone baseiam-se na formulação e no processo de fabrico através do qual a borracha é vulcanizada, ou seja, passa do estado bruto para o estado curado.

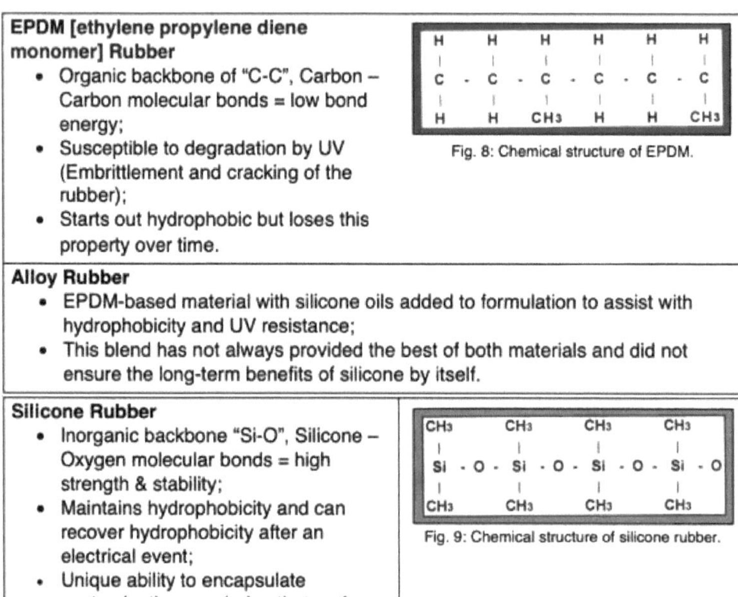

4.10. Formulação de silicone

Cada fornecedor utiliza uma formulação própria de silicone como parte da conceção do seu isolador e que é uma mistura de materiais isolantes, compostos conforme exigido por esse fornecedor.

O facto de um material ser de silicone não garante a qualidade e o desempenho comprovado. Em vez disso, isso varia de formulação para formulação. Quando questionado, cada fornecedor deve estar preparado para discutir este assunto e ter documentação de teste para verificar se a sua formulação corresponde às expectativas do utilizador.

A percentagem específica de cada componente na formulação é exclusiva de cada fornecedor e pode variar em termos de desempenho. Uma quantidade demasiado grande ou demasiado pequena de um componente da formulação pode ser a diferença entre um desempenho satisfatório e um desempenho fraco.

Componentes básicos da formulação de silicone
Material de base: O elastómero ou silicone puro é o polímero de base que constitui a espinha dorsal (Si-O) da formulação, responsável pelo desempenho hidrofóbico, ou seja, a hidrofobicidade ao longo da vida do isolador, a taxa de recuperação da hidrofobicidade e a capacidade de encapsular contaminantes;)
ATH [Tri-hidrato de alumínio]: o agente de resistência ao arco na formulação, destinado a melhorar as propriedades de rastreio e de erosão;
Agente de cura: o catalisador de reticulação que desencadeia o processo de vulcanização, que começa a curar o silicone no seu estado acabado;
Corantes: O silicone é normalmente transparente e é adicionado um corante cinzento ao composto;
Auxiliares de processamento/agentes de libertação de moldes: Estes ajudam o fluxo de material no molde e asseguram boas propriedades de libertação;
Aditivos/Fillers especiais: Estes são definidos por cada fornecedor.

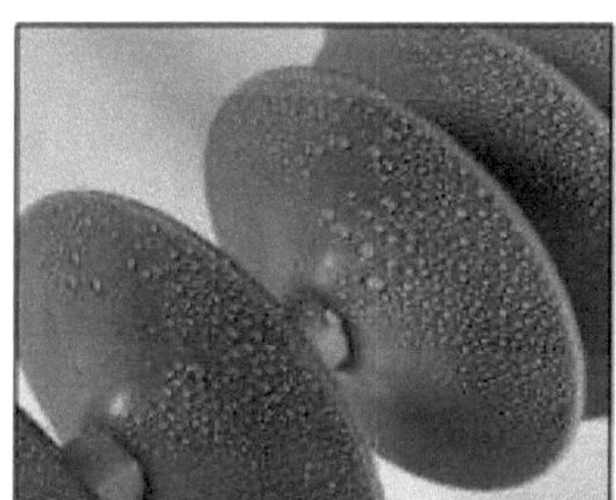

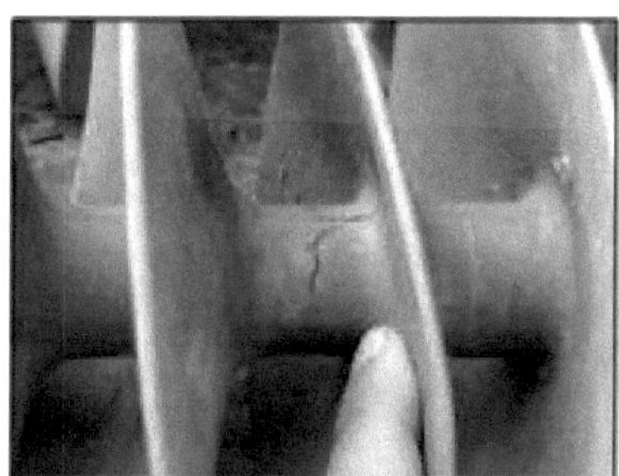

Hidrofobicidade do silicone.   **Borracha envelhecida/fissurada.**

4.11. Tipo de processamento

Existem diferentes métodos de vulcanização/cura da borracha em bruto para obter o material acabado.

- HTV = Vulcanização a alta temperatura = um processo pelo qual o calor é aplicado para aderir o material de borracha à superfície da haste do núcleo e curar a borracha à medida que é aplicada. Mais utilizado nos seguintes processos de fabrico: moldagem por injeção, extrusão e moldagem por compressão;

Silicone HTV: o material e o processamento mais utilizados na indústria;
Silicone HTV: tem o mais longo historial de desempenho comprovado (tanto em termos de testes laboratoriais como de experiência no terreno).

LSR = Borracha de silicone líquida: um sistema de dois componentes (A & B) utilizado principalmente pela sua facilidade de injeção e de enchimento das ferramentas do molde.

Um processo menos utilizado para o fabrico de isoladores de polímeros:

- Foram registados casos de deficiências de desempenho: RTV = borracha vulcanizada à temperatura ambiente.
- Cura à temperatura ambiente sem adição de calor, tal como para o HTV;
- Aplicação semelhante à calafetagem;
- Embora seja utilizado como parte de alguns processos de selagem, não proporciona o desempenho a longo prazo do silicone HTV.

A tecnologia LSR tem vindo a melhorar e é agora mais aceite na indústria. Ainda assim, a tecnologia de silicone HTV é frequentemente considerada como a abordagem mais conservadora, simplesmente porque tem uma história mais longa de desempenho comprovado. Ao avaliar o LSR versus o HTV, é fundamental considerar qual o material que melhor proporcionará o desempenho esperado a longo prazo.

4.12. Avaliação da qualidade e do desempenho do material de borracha

- Testar os materiais de borracha em testes padrão exigidos na indústria;
- Embora a formulação do material de silicone seja provavelmente considerada proprietária (ou seja, secreta), um fornecedor de isoladores deve, no entanto, estar preparado para apresentar em que consiste o seu material e porque é que essa formulação específica está a ser oferecida;
- O fornecedor dispõe de dados de ensaios e de um historial de assistência técnica que justifiquem esta formulação?
- Como é que o fabricante inspecciona os materiais recebidos? Este controlo é certificado pelo subfornecedor?
- Como é que cada lote de material é codificado e como é que cada lote pode ser rastreado ao longo da produção?

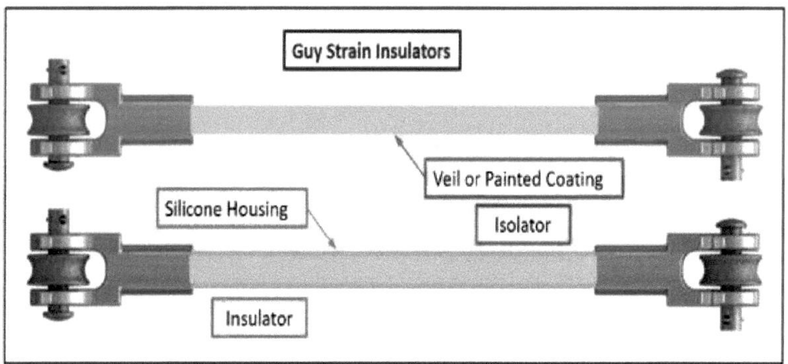

O tipo estica-se.

4.13. Acessórios de extremidade

Os componentes metálicos ligados às extremidades de um isolador de polímero são os acessórios de extremidade. Dependendo da classificação de resistência do isolador (SML), estes podem ser feitos de ferro dúctil ou aço. Quanto mais elevado for o SML, mais provável é que o encaixe da extremidade seja feito de aço, fundido ou forjado. Tanto o ferro como o aço são depois acabados com um revestimento galvanizado para proteger o metal de ambientes agressivos, que de outra forma poderiam causar corrosão e ferrugem.

Tal como todas as outras partes de um isolador de polímero, os acessórios de extremidade não são todos iguais. Embora os tipos de ligação dos acessórios finais sejam comuns e, na sua maioria, bem definidos nas normas, um tubo de acessório final é totalmente definido por cada fornecedor.

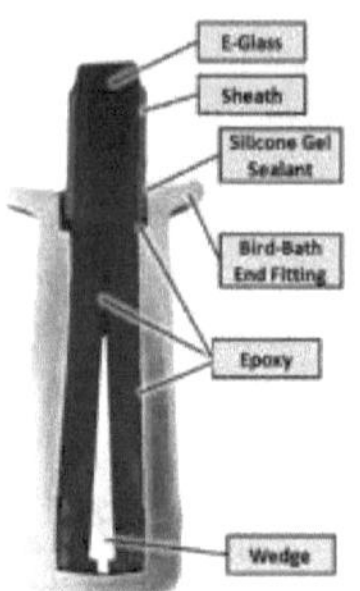

Fig. 13A: Then.

Early generation insulators were manufactured with a process whereby the end fittings were epoxied onto the core rod. The end fittings used in this process were known as "Wedge Style" or "Bird-Bath" due to the fitting being shaped like a cup to contain the epoxy while it hardened. While there are still insulators of this vintage in service, technology changed over time from Wedge Epoxy to Compression Technology, known as crimped end fittings. This compression or crimping process has become more efficient and consistently repeatable as polymer manufacturing technology improved. In the process, end fittings became smaller in profile, lighter in weight, while maintaining the same industry defined Strength Ratings.

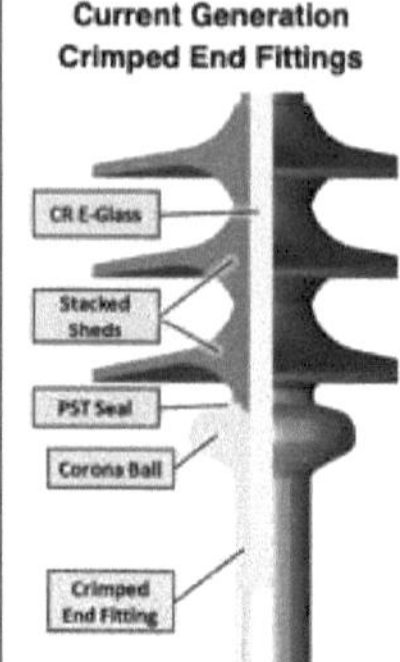

Fig. 13B: Now.

4.13.1. Tipos de ligação [ANSI & IEC]

- Soquete e esfera (conjunto mais definido):
    - ANSI 52-5 (30k),
    - 52-8 (40k), 5-11 (50k) ou
    - CEI 16 (120 kN),
    - 20 (160 kN e 210 kN),
    - 24 (300 kN),
    - 28 (400 kN),
    - 32 (500 kN)
    - Y-Clevis / Bola (mais comum nos EUA)
    - Olho oval / Olho oval - Cavilha/Língua (conjunto bem definido
    - Forquilha / Forquilha

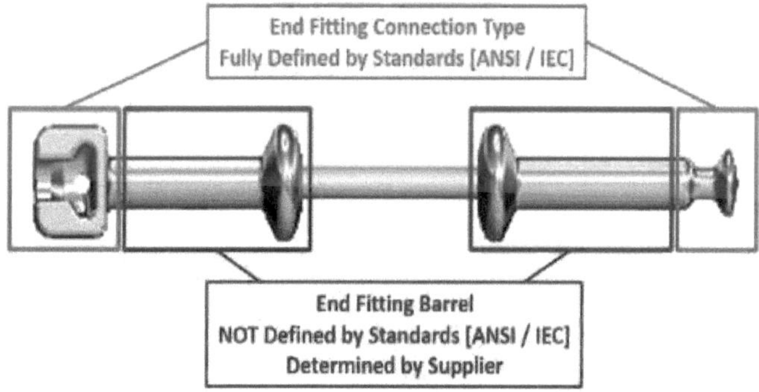

Design de encaixe de extremidade

As extremidades de ligação dos acessórios são maioritariamente regidas por normas e calibres, mas algumas são mais bem definidas e mais completas do que outras. Por exemplo, o conjunto mais definido de extremidades de ligações seria o das ligações de encaixe e esfera, que quer sejam ANSI ou IEC, são totalmente definidas por calibres Go & No/go. Em segundo lugar, o conjunto de encaixes de extremidade Clevis / Tongue ou Clevis / Clevis, que também são bem definidos, mas utilizados principalmente para aplicações internacionais. Por vezes, estes podem ter classificações SML não normalizadas, definidas pelo cliente na sua especificação.

Facto: Nos EUA, o conjunto mais comum de acessórios finais utilizado é Y-Clevis / Ball para suspensão e Oval Eye / Ball ou Oval Eye / Oval Eye para aplicação Dead-end.

Embora o tipo de ligação dos acessórios terminais seja mais comum e definido por normas, a restante geometria da ligação (por vezes designada por barril) é tipicamente 100% exclusiva de cada fabricante de isoladores.

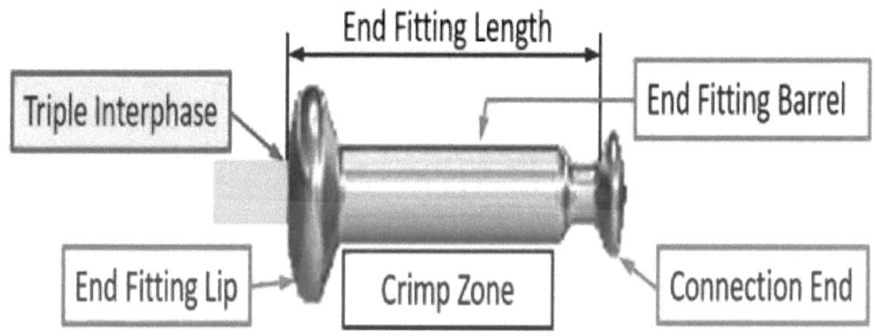

Pormenores do cano de encaixe final.

Para além da geometria da ligação, os acessórios finais podem ter muitas diferenças:

Comprimento do encaixe da extremidade: O comprimento de cada encaixe de extremidade é determinado pela geometria da ligação e pelo desenho do cilindro do encaixe de extremidade. É provável que a geometria do cilindro para cada encaixe de extremidade seja a mesma para cada classe de resistência. Mas quando combinado com diferentes tipos de ligação, o comprimento do encaixe de extremidade varia para cada tipo;

Cano do encaixe final: O comprimento e o diâmetro externo (DE) do cilindro do encaixe da extremidade são determinados pela zona de crimpagem, bem como pela tecnologia de crimpagem utilizada por cada fabricante. A geometria da zona de crimpagem flutua com base na quantidade de deslocamento de material necessária para atingir qualquer classificação SML desejada.

Zona de Crimpagem: Área ao longo do comprimento do encaixe da extremidade com folgas de fabrico em ambas as extremidades para permitir a compressão adequada do encaixe da extremidade;

Lábio de encaixe da extremidade: Esta é a extremidade do cilindro oposta à extremidade de ligação e é aqui que os desenhos podem variar mais. Alguns podem ter raios muito pequenos nas extremidades, enquanto outros desenhos podem ter uma maior massa de metal a constituir o lábio ou a esfera corona.

A necessidade da esfera corona ou do lábio maior é para evitar a exposição do núcleo caso um arco termine no encaixe da extremidade. Em caso de terminação do arco, a esfera corona seria capaz de suportar múltiplos impulsos sem romper a interfase tripla do encaixe da extremidade;

- O lábio maior é chamado de bola corona porque foi concebido para atuar como um pequeno anel corona de diâmetro externo, fornecendo proteção contra tensões de campo E na interfase tripla;
- Finalmente, a caraterística da esfera corona pode ser a geometria de montagem de um anel corona.
- Interfase Tripla (Ponto): Esta é a área onde a haste, a borracha e o encaixe da extremidade se encontram e, na maioria dos projectos, é também o mecanismo de vedação do isolador.

4.13.2. Aquisição de acessórios de extremidade

No que respeita à pultrusão do núcleo, é improvável que os processos de fundição, forjamento e galvanização ocorram na mesma fábrica onde os isoladores estão a ser montados. Os acessórios de extremidade são normalmente adquiridos, dependendo do fornecedor e da localização. Por exemplo, a maioria dos fabricantes de isoladores nos EUA adquire todos os acessórios de extremidade de classe de transmissão de países como China, Índia, México e Brasil.

4.14. Avaliação da qualidade e do desempenho dos acessórios terminais

- O fornecedor de polímeros deve estar preparado para apresentar aos clientes uma avaliação completa e documentação de qualidade para cada subfornecedor de acessórios finais aprovado;
- O fornecedor deve apresentar a forma como concebe e utiliza os seus encaixes de extremidade como parte do isolador de polímero, incluindo a forma como a conceção do encaixe de extremidade pode ou não ter impacto na conceção e aplicação do anel corona;
- Tal como acontece com todos os materiais, o país de origem deve ser marcado nos acessórios finais;
- Cada fornecedor deve ter um processo de controlo de lote definido com a capacidade de rastrear estes códigos de lote até à produção do isolador acabado;
- Cada fornecedor deve ser capaz de fornecer documentação sobre a forma como os acessórios finais são qualificados, o que pode incluir classificações de resistência final (que também podem fazer parte do processo de engaste).

4.15. Carregamento combinado multieixos e definições de curvas de carga

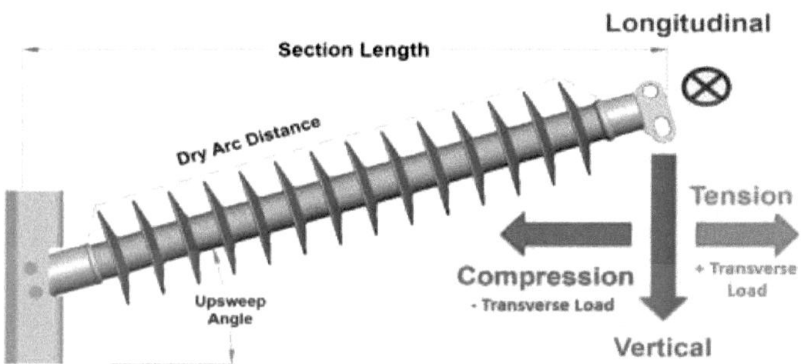

Definição de carregamento multieixo

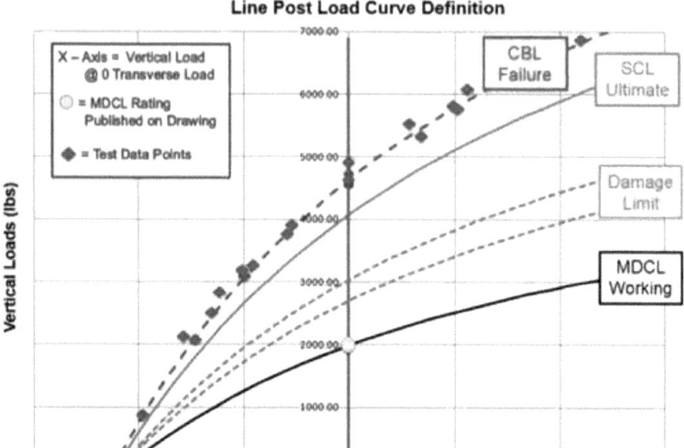

4.16. Referências

[1].   Flourentzou, N., Agelidis, V. G. & Demetriades, G. D. VSC-based HVDC
sistemas de transmissão de energia: uma visão geral. IEEE Trans. Power Electron. 24,
592-602 (2009).
[2].   Biswas, S. & Nayak, P. K. Estado da arte sobre a proteção dos sistemas FACTS
linhas de transmissão de alta tensão compensadas: uma revisão. High Volt. 3, 21-30
(2018).
[3].   Shu, Y. & Chen, W. Investigação e aplicação da transmissão de energia UHV
na China. High Volt. 3, 1-13 (2018).
[4].   Wang, W., Wang, J., Wang, L., Xu, P. & Song, Y. Análise do espetro e
diagnósticos de ondulações HVPS de 350 kV em neutrões de fusão D-T de alta intensidade
gerador. J. Fusion Energy 34, 989-994 (2015).
[5].   Tan, Q. et al. Uma fonte de alimentação melhorada de carregamento de condensadores para um sistema de
sistema de condicionamento. IEEE Trans. Dielectr. Electr. Insul. 18 (2011).

[6].   Egerton, R. F. Choice of operating voltage for a transmission electron
        microscópio. Ultramicroscopy 145, 85-93 (2014).
[7].   Sannomiya, T., Arai, Y., Nagayama, K. & Nagatani, Y. Transmissão
        microscópio eletrónico usando um acelerador linear. *Phys. Rev.
Lett.* 123 (2019).

Capítulo (5)
Polímeros avançados

5.1. Prefácio

Algumas empresas oferecem um portefólio rico e diversificado de materiais. Além disso, têm um profundo conhecimento do mercado que ajuda os nossos clientes a ter sucesso. Os compostos e resinas plásticas de alto desempenho são utilizados como matérias-primas numa variedade de mercados.

5.2. Aplicações

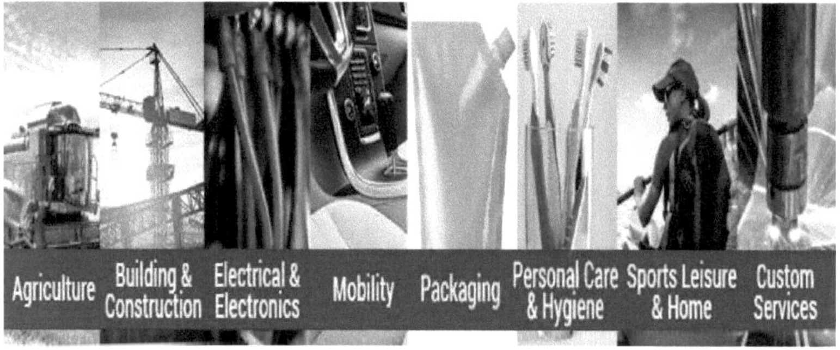

5.2.1. Agricultura

Desde o condicionamento do solo até à embalagem de alimentos, uma gama abrangente de concentrados master-batch oferece uma variedade de funcionalidades para uma grande variedade de aplicações agrícolas, incluindo:

- Não-tecidos e agrotêxteis, tais como os utilizados na proteção das culturas e no acondicionamento dos solos
- Películas, que encontram uma grande variedade de utilizações, tais como politúneis para estufas, películas de grande dimensão ou embalagens extensíveis para fardos
- Geomembranas utilizadas em paisagismo e eliminação de resíduos
- Embalagens, utilizadas ao longo de toda a cadeia de valor, tanto rígidas como flexíveis
- Máquinas

5.2.2. Eletricidade e eletrónica

Neste campo, um masterbatch, compósitos de engenharia e plásticos de engenharia necessários para garantir uma funcionalidade segura e eficaz em aplicações electrónicas e eléctricas, com base nos polímeros utilizados no isolamento e revestimento de cabos para os componentes plásticos de componentes e aparelhos electrónicos. Nesta preocupação, os compostos retardadores de chama são optimizados para uma grande variedade de polímeros de base e incluem várias opções sem halogéneos e sem trióxido de antimónio para o ajudar a satisfazer as suas necessidades de design, bem como os rigorosos requisitos regulamentares. Estão disponíveis várias opções compatíveis com RoHS e aprovadas pela UL, bem como graus com baixa densidade de fumo e toxicidade. Assim, oferece uma vasta gama de produtos para uma variedade de aplicações na indústria de electrodomésticos, tais como ferros de engomar, máquinas de café, máquinas de lavar roupa, máquinas de lavar louça, frigoríficos, micro-ondas e liquidificadores.

- Compósitos de engenharia
- Polímeros de engenharia
- Pós especiais.
- Compostos de polipropileno

5.2.3. Mobilidade

O sector dos transportes enfrenta desafios únicos, incluindo a necessidade de reduzir o peso para melhorar o consumo de combustível e, ao mesmo tempo, aumentar a integridade estrutural e a segurança. Por isso, os especialistas oferecem compostos e concentrados de polímeros de alto desempenho, serviços e soluções que o podem ajudar a cumprir regulamentos e requisitos rigorosos, bem como a garantir uma melhor função e aparência.

5.2.4. Aeroespacial

Foram considerados os materiais Lytex (epóxi) e fenólicos reforçados com fibra de carbono e fibra de vidro para estruturas secundárias e interiores de aeronaves. Os diferentes compostos de moldagem têm numerosas qualificações com os principais contratantes de estruturas de aeronaves, construtores de motores e parceiros globais e cadeia de fornecimento de subcontratantes.

5.2.5. Automóvel

Um dos principais fornecedores mundiais de compostos de moldagem avançada de fibra de carbono Quantum AMC para automóveis de alto desempenho. Os compostos reforçados com fibra de vidro são o material de eleição para aplicações de iluminação avançada

Como parceiro inovador da indústria automóvel, desenvolvemos uma variedade de soluções de produtos de sucesso para os veículos de hoje e de amanhã. Participamos em todos os espaços do veículo, para aplicações interiores, exteriores, de grupo motopropulsor e subaquecimento, de chassis e subcorpo, e eléctricas e electrónicas.

5.2.6. Embalagem

Conveniência para levar para todo o lado, preocupações com a frescura ou deterioração, identidade da marca - existem tantos tipos diferentes de embalagens como as razões que as justificam.

As empresas A lesding oferecem propriedades excepcionais para satisfazer cada uma das suas necessidades. Flexível ou rígido, soprado ou fundido, laminação ou extrusão - temos uma grande variedade de opções para o ajudar a desenvolver a embalagem de que necessita.

5.2.7. Cuidados pessoais e higiene

No mercado dos produtos de higiene e cuidados pessoais, a empresa fornece soluções que melhoram o desempenho dos produtos dos nossos clientes. Neste mercado de consumo altamente competitivo, os clientes procuram uma vida útil mais longa, maior durabilidade, maior capacidade e uma vantagem competitiva que melhore a experiência do utilizador final com o seu produto.

5.2.8. Desporto, lazer e casa

Quando se trata de relaxamento, nem tudo é diversão e jogos. Os produtos têm de ser resistentes, duradouros e ter um ótimo aspeto. Desde tacos de golfe a escorregas de parques infantis, o fabricante pode ajudar a fornecer produtos seguros e de elevado desempenho para o ajudar a diferenciar a sua marca.

5.2.9. Serviços personalizados

A Compaines oferece moagem ambiente e criogénica de alta qualidade, bem como moagem a jato, composição, mistura e outros serviços de processamento especializados, incluindo a distribuição e a integração entre empresas para uma vasta gama de materiais termoplásticos. Os nossos serviços personalizados incluem serviços de produção e de portagem. Como fornecedor líder de master-batches para os principais produtores e transformadores de resinas, o nosso processo de desenvolvimento permite-nos fornecer formulações com um desempenho superior a preços competitivos. As soluções disponíveis incluem:

-   Composição especializada
-   Ensaio de produtos
-   Mistura
-   Manuseamento de granéis
-   Máquinas
-   Armazenagem

Capítulo (6)
Conclusões

A escolha do design correto do isolador de polímero pode ser complicada porque existem muitos materiais e opções diferentes. É uma boa ideia consultar os nossos engenheiros para o ajudarem a escolher os designs que funcionarão melhor. É importante que tenha uma lista clara do que precisa, incluindo os materiais a utilizar e o tamanho exato das peças. É crucial conhecer todas as opções para o design do isolador de polímero e a forma como estas afectam a utilização do isolador ao longo do tempo.

O processo de avaliação dos projectos de isoladores de polímero pode ser um desafio, especialmente devido à variedade de opções de materiais. É aconselhável que os utilizadores utilizem as normas aplicáveis para os ajudar a determinar quais os modelos que melhor satisfazem as suas necessidades. Mas, por vezes, as normas não são suficientes. O cliente também deve ter uma especificação robusta e pormenorizada que defina os critérios de desempenho e saiba quais os materiais necessários e quais as dimensões que devem ser consideradas críticas. Compreender as várias opções para a conceção de um isolador de polímero e a forma como estas podem afetar o desempenho do serviço a longo prazo é vital para realizar uma avaliação eficaz de cada fornecedor.

A investigação e o desenvolvimento de materiais compósitos e nanocompósitos utilizados em aplicações de alta tensão constituem um desafio. Embora tenham sido envidados muitos esforços nas últimas duas décadas para investigar os potenciais benefícios eléctricos destes materiais emergentes e tenham sido comunicadas numerosas descobertas neste domínio, muitas incertezas permanecem sem resposta e há ainda muito por explorar. A tendência nesta evolução é para uma colaboração multidisciplinar das engenharias eléctrica, mecânica e térmica, da química, da ciência dos materiais, da física e de outras ciências, a fim de clarificar a relação fundamental entre a estrutura e as propriedades e de trazer muito mais benefícios para a sociedade com estes materiais. Espera-se que esta estreita colaboração conduza a uma melhor compreensão dos micro/nano-compósitos de polímeros e do componente mais importante destes materiais, respetivamente a região da interface. Quando todos os mecanismos forem identificados e clarificados, obter-se-ão os materiais desejados com propriedades adaptadas adequadas para aplicações de alta tensão.

Printed by Books on Demand GmbH, Norderstedt / Germany